U0021146

金商道

The positive thinker sees the invisible, feels the intangible,
and achieves the impossible.

惟正向思考者，能察於未見，感於無形，達於人所不能。 —— 佚名

キーエンス高付加価値経営の論理　顧客利益最大化のイノベーション

基恩斯的高附加價值經營

Kentaro Nobeoka
延岡健太郎
涂綺芳——譯

目次

第1章　基恩斯如何採行高附加價值經營？

第2章　提升客戶利益是基恩斯的創新來源

第3章　生產財的創新理論

第4章—創新顧客價值的組織結構

第5章 支援顧客價值創新的解決方案部隊

第6章 高附加價值的新商品企畫與開發

第7章 企業應學習的高附加價值經營

推薦序
「服務」才是企業繁榮興盛的根基

——周信輝／國立成功大學企管系系主任

我們身處在一個變遷快速的環境，在這動態變化中交纏著創新發展的機會以及攸關生存的嚴峻挑戰。在持續滾動的世界巨輪裡，我們經歷了網路泡沫（dot-com bubble）、九一一事件、雷曼金融風暴、新冠疫情，乃至於仍在延燒的俄烏戰爭與美中對抗，過程中我們惋惜百年大廠柯達（Kodak）與曾瘋迷全球的黑莓機（BlackBerry）的殞落，但同時我們也見證了曾一度陷入生存危機的輝達（Nvidia）之崛起，以及我們護國神山台積電（TSMC）是如何在全球地緣政治的角力之中，持續發揮其高度的影響力。

「你的公司為何能『存在』？」這是我在許多與EMBA上課與交流中，經常提出的簡單問題。第一時間常聽到的回答是：「公司賺錢」、「有好的產品」、「持續研發創新」，或者是「打敗競爭對手」。這些都是重要因素。然而，企業存在的根本原因在於「被需要」，也就是公司要能夠創造客戶的依賴（Dependence）。企業唯有能夠存在、立足，才有機會進而透過開創與成長，帶來繁榮興盛的動能。因此，這簡單問題的背後，卻是需要企業有著不平凡的思維與作為，而本書的主角基恩斯（KEYENCE）正是這樣的一間企業。

我有幸能夠拜讀延岡健太郎教授的大作《基恩斯的高附加價值經營》，得以窺見這間低調的日本企業在近半個世紀的發展中，能夠維持高績效表現的繁榮興盛之道。過去三十年來，日本深陷於失落的迷霧之中，經濟發展上出現長期的停滯。然而，基恩斯卻能在大環境不利的情況下持續穩健發展，在全球四十六個國家設立二百四十間辦公室，服務超過三十萬名顧客，並在過去二十五年內創造一〇%以上的平均年成長率，受《富比世》雜誌推崇為「全球最具創新力企業」，其公司市值在二〇二三年一月名列全日本企業的前五大；其中關鍵，在於基恩斯能夠提出優異的解決方案，為客戶創造價值！

我發現基恩斯之所以能夠創造高附加價值，是奠基在「服務」的思維，近似於本書所提到的以「邏輯」為依據的經營理念。所謂的服務（Service），是指企業運用其知識與能力來開發並提出能夠滿足客戶特定情境需求的解決方案（含產品），讓客戶能藉由此解決方案的使用為自己創造情境價值，達到企業與客戶之間的價值共創。因此，產品可視為傳遞服務的媒介，而客戶重視的不僅是產品的功能，而是自己情境價值的滿足，也就是本書所強調的「意義性價值」；這是基恩斯能維持高度競爭力與績效表現的核心。基恩斯更是將服務思維體現在其扁平化的組織架構，有著鼓勵所有員工彼此交流、對話與合作的企業文化，並且透過設計思考（Design Thinking）所驅動的ＳＥＤＡ模型，讓業務團隊能深入客戶的情境脈絡，從中挖掘客戶的情境問題，進而發展出合適的解決方案。

透過這本書《基恩斯的高附加價值經營》詳盡的剖析與案例的闡述，讀者們可以體會到：服務，才是企業繁榮興盛的根基！

推薦序
事業高毛利、員工高薪資的經營祕訣

——齊立文／《經理人月刊》總編輯

或許你和我一樣，認識基恩斯這家公司，是因為看到二〇二一年底，由《彭博》（Bloomberg）公布的全球「億萬富翁指數」（Bloomberg Billionaires Index）。其中，基恩斯的創辦人瀧崎武光，超越柳井正、孫正義這兩位長年輪居首富的富豪，成為「新」日本首富。

雖然根據二〇二三年的最新資料，優衣庫（Uniqlo）的母公司日本迅銷集團（Fast Retailing）會長柳井正，以三百五十七億美元的身價，拿回日本首富位置，瀧崎武光依舊是日本第二富豪，身價二百二十億美元。

瀧崎武光的身價激增，與他在一九七四年創辦的基恩斯，近年來股價與營收高速飛漲有關。《日本經濟新聞》在二〇二二年一篇報導中指出，「疫情擴大態勢下，推動工廠自動化的設備投資十分活躍。除了安裝在生產線上的感測器等產品之外，測量數據的測量儀等產品的銷量也出現增長。」

這段話，不但說明了基恩斯的主要產品（根據基恩斯台灣官網所述，旗下產品包括：條碼讀取器、雷射刻印機、影像系統、量測儀器、顯微鏡、感測器，以及靜電消除器），也呈現出基恩斯的產業定位：這是一家B2B（企業對企業）公司，也就是書中所說的「生產財企業」，長於工業自動化和檢測儀器。

業績連續三十年成長，多銷卻不薄利

讀到這裡，請別就此認定基恩斯是乘著趨勢風口而起的公司。有別於B2C（企業對消費者）企業，面對的是一般消費者，B2B企業因為面對的是企業客戶，知名度原本就比較侷限於業內人士，未能廣及社會大眾。因此，我們應該從產業的角度，來認識基恩斯。

本書作者延岡健太郎是大阪大學教授，而基恩斯的總部位於大阪，或許是這層「土親」的關係，所以他迫切想要讓讀者更「了解」基恩斯這家公司，同時也想要澄清外界認為基恩斯只顧賺錢的「誤解」。

延岡教授在書中指出，基恩斯自從一九八七年在大阪證券交易所市場第二部上市、一九九〇年在東京・大阪證券交易所市場第一部上市以來，「超過三十年以上」的時間，不但成績亮麗，而且持續成長。

他接著寫道，基恩斯從二〇〇〇年左右，規模不斷擴大，營業額超越一千億日圓，至今超過二十二年的期間裡，非但沒有落入「多銷薄利」的境地，營業利益率從未低於四〇％。而「一般被稱為優良企業的公司，營業利益率大概在一〇至二〇％之間，就已經算表現十分突出了」。

在二〇二二會計年度（統計期間：二〇二二年四月一日～二〇二三年三月三十一日）的最新財報裡，基恩斯的營業收入約九千二百二十四億日圓（二〇二一財年為七千五百五十二億日圓），扣除掉一千六百七十七億日圓的銷貨成本，營業毛利近八二％。如果再扣掉銷售、行政及研發費用，營業利益約四千九百八十九億日圓，營業利益率高達五四％。

如此突出的獲利表現，使得基恩斯的股價高達五萬八千零二十日圓，在日經平均指數裡，排名第二，市值約十四兆一千一百億日圓。而且無論從毛利率、營業利益率、稅前淨利率和淨利潤率等指標來看，在二百二十五家於東京證交所上市的公司當中，都是名列前茅。相比之下，市值第一（約四十四兆一千八百億日圓）的豐田汽車（Toyota Motor），股價約二千七百四十五日圓，某種程度上也說明了產業的價值更迭和典範轉移。

這本書，談的就是基恩斯這麼會「賺錢」的經營祕訣。

以價值創造為經營理念，打造顧問式銷售模式

對照於豐田汽車有超過三十七萬名員工，基恩斯的員工數約一萬左右。如此高的人均產值，與基恩斯獨特的經營模式有關。

首先，基恩斯是沒有工廠的「無廠公司」（Fabless），但是他們的委外代工模式，只是借用代工廠的工廠製造設備跟作業人員的勞動力，重要的生產技術及品質管理，還是由自己主導。也因此，基恩斯曾多年穩居《富比世》（Forbes）「全球百大創新企業」（The World's Most Innovative Companies）之列，更有七〇%的產品，具備全球首創或領先業界的技術。

這種「輕資產」的做法，不但體現了基恩斯自創業初期就提出的「以最少的資本與人力，提升最大的附加價值」的經營哲學和企業目標，也符合日本管理大師大前研一說過的，「成功企業的必要條件，就是不要堆積生產設備和人力資源」，應該把經營重心放在「了解客戶需求，聆聽客戶心聲，並針對客戶需求，提出解決方案。」

而提供企業客戶「高附加價值的解決方案」，正是本書反覆提及的核心概念。作者分析，基恩斯從產品研發到業務銷售，都是以創造及提升客戶的「經濟價值」（包括提升生產力、降低成本、增加獲利等）為優先考量，而當客戶透過採用基恩斯的產品，創造了高收益，即使購入成本較高，依然會覺得物超所值。

其次，基恩斯自創業以來，一直遵循「當日出貨」的方針，凡是列在型錄上的產品，都有庫存，只要一接到訂單，當天就會出貨。這除了展現出基恩斯高超的庫存管理能力，能夠整合多間代工工廠及時供貨之外，更重要的是反映出基恩斯重視顧客經濟價值的經營理念：「對於顧客而言，等待進貨的每一天，都會造成機會成本損失，因此必須避免。」

再者，就是透過持續不斷地創新，追求附加價值的極大化。作者延岡教授從基恩斯的組織架構、業務銷售模式，以及新產品開發這三個面向，詳細拆解了基恩斯的高附加價值經營法。

簡單說，基恩斯以產品導向，劃分出九個事業部，各事業部底下，都配置有業務及產品開發人員，唯一的職責就是提供有經濟價值的解決方案，給遍及全球約一百一十個國家或地區的逾三十萬個企業客戶。

由於採取直接銷售、而非將業務開發交付給代理商的模式，因此，基恩斯的業務人員不但必須具備熟悉自家產品和客戶製程的相關知識，包括業務和產品開發人員在內，還要嚴守「現場主義」，親赴客戶的廠房，實地觀察和發覺客戶的困擾。這些第一手的知識和資訊，也會進一步反饋到產品的研發和客戶需求的診斷諮詢上。

懂得賺錢，也捨得花錢

即使是在日本，基恩斯都是相對低調的公司，尤其是出生於一九四五年的創辦人瀧崎武光，更是極少在媒體曝光。因此，當基恩斯近年來以高收益的形象頻頻曝光之際，就連作者延岡教授都在書中提到，「一般人對它（基恩斯）的印象，或許是以賺錢為優先的俗氣公司。」

曾經，由諾貝爾經濟學獎得主米爾頓・傅利曼（Milton Friedman）提出的「企業唯一的責任就是獲利」主張，主導了企業經營的邏輯；時至今日，企業「目的」（purpose）成為與獲利（profit）並行不悖的重要理念，很多時候，purpose對了，profit隨之而來。

延岡指出，基恩斯（KEYENCE）的公司名稱源自「科學之鑰」（Key of Science），因此，基恩斯的價值創造，不只強調科學與工程的「功能性價值」，更是側重於強調設計與藝術的「意義性價值」，而這兩者加總中來的「綜合性價值」，使得基恩斯成為了「一家高度知性且精緻的最先進經營企業」。

更符合時代精神的是，基恩斯懂得賺錢，也捨得花錢。公司會優先把利潤返還給員工，而非股東；經常見諸日媒的報導更是，基恩斯的員工平均年收高居日本第一，離職率也非常低。

基恩斯的經營理念，讓我聯想起日本經營之聖稻盛和夫說過的話，京瓷之所以能夠建立起高收益（即高毛利、高營業利益率）的企業體質，除了擁有獨創技術，開發了高附加價值的產品之外，還在於建構了一套全員追求「銷售最大化、費用最小化」的管理系統。

在台灣，產業界長年都在思考如何打造世界級的企業、全球性的品牌，以及如何提高製造業的毛利，擺脫高營收、低獲利的處境。這本書，提供了部分解答，值得借鏡。

前言

基恩斯在日本創新領域頗富盛名，從全球看來也是極為知名的生產財企業。即便從一九九二年至二〇二一年過去三十年的平均業績來看，營業利益率也是大幅超過四〇％，此般生產財企業在世界上也是極為少見。論規模而言，二〇二二年的營業利益就已經突破四千億日圓。而二〇二一年的市值更早已超越十兆日圓，成為日本所有上市企業排名的前五名。

雖然基恩斯近年開始引起大眾的興趣及關注，但就實績而言，可說是並未受到太多的關心。一直以來，無論是基恩斯的創辦人或公司皆只注重在如何對顧客或社會有所貢獻，而有意避開本業之外的媒體應對或演講邀約。

對十年前就開始研究該公司的我而言，這是相當可惜的事。二〇〇九年東洋經濟新報社就曾發表過基恩斯主題的論文（延岡、岩崎，2009），現在有電子版本流通。大部分讀者依舊閱讀此份資料，但內容還是過於久遠。

而我感到遺憾的最大理由是，我希望能讓生產財企業相關人士都能了解基恩斯高超的經營方式本質。若能讓讀者看到生產財企業的應有姿態，以及基恩斯在經營上追求原理原則的真實態度，應該能觸動許多讀者。

另一方面，基恩斯已在本業創新上展現許多成果，並對企業客戶、相關企業、國家及地方財政、員工等，皆做出了相當高的社會貢獻，對此基恩斯應該認為不需要大肆宣傳。關於其中非凡的社會貢獻內容，我將在本書具體介紹。就結果來說，能持續展現讓人驚訝的巨大實績，或許讓基恩斯因此更確信專注本業才是企業存在於社會的責任。

通常公司只要參與更多其他的社會公益活動，或多或少都可能疏忽本業。舉例來說，董事或員工出外演講，媒體的採訪要求就會增加。基恩斯認為若能將勞動力集中在本業，便能為社會做出更多貢獻。因此，至今基恩斯尚未對任何一位經營學領域研究學者積極配合採訪調查，也未曾正式認可任何出版書籍。

我深信必須正確記錄基恩斯的經營方式並集結成冊，有以下兩大原因。

首先，基恩斯雖因企業經營優良而對社會做出莫大貢獻，卻依舊受到許多誤解。我認為基於他們的一流經營方式及社會貢獻，基恩斯應該得到相對應的尊敬。

作為利益驚人的企業，容易遭人誤會僅僅在追求自家公司利益。但事實上，基恩斯卻是一間以提升企業客戶生產力為目標，並在改善經營上做出巨大貢獻的公司。而從中產生的諾大附加價值，進而創造出眾多的就業機會和龐大的納稅金額，於此做出了極大的社會貢獻。

此外，從公司的組織文化來看，除了根本與黑心企業沾不上邊之外，應該再也看不到對員工如此良心的公司了。厭惡上下階級和公私不分，重視年輕員工意見的文化讓人充滿活力。

第二、由於其優秀的經營方式有別於其他企業，只要將部分內容與社會共享，對於多數企業來說是一大恩惠。或許對基恩斯來說，不能說完全不會受到被模仿帶來的負面效果所影響，但是正面影響肯定占了大部分。

舉例來說，豐田汽車藉由著名的生產方式「即時生產」（Just In Time）的普及而有所貢獻，但我不覺得這對豐田汽車帶來了負面影響。許多與豐田汽車合作的企業，甚至藉此生產方式改善了經營狀況，而豐田汽車也因此成為全世界備受敬重的企業，對社會產生更為顯著的正面影響。我也十分驕傲將豐田汽車的優秀經營哲學與制度加以理論化，並對推廣至全世界一事做出貢獻。（Cusumano and Nobeoka,1998; Dyer and Nobeoka, 2000等）。

負面影響極少的原因之一，是因豐田汽車或基恩斯的經營模式皆是耗時建立，並奠定於有別於常規、極端優秀的組織制度之上，因此普通企業若想要依樣畫葫蘆極為困難。希望各位能透過本書了解並學習基恩斯經營的最終理想目標，只不過對其他多數企業而言，要在短時間內實踐相同經營方針著實並非易事。

基恩斯的優秀經營模式之所以應該與社會共享，與第一點此企業應該受到相對應的尊敬，在某種程度上有互相依賴的關係。若其他管理者能夠了解基恩斯優良的經營模式，除了能得到社會地位外，更會吸引其他企業模仿、學習。無論如何，基於以上兩種理由，本書都必須正確傳遞基恩斯公司的資訊。

基於上述目的，我最終得到基恩斯公司對本書出版的協助，我想藉此對相關人士道謝。實際上，我從以前就與基恩斯有多年的交流機會，也有非常多人向我說明、解釋。而在本書的寫作過程中，我更是受到負責窗口的全方位幫助：承認出版合作許可、安排公司內部的意見調查，甚至閱讀原稿後給予建議等。在百忙之中，依舊抽空給予我許多協助，我對基恩斯諸位只有滿滿的謝意。

如果允許，我希望能列出他們的大名，以傳達感謝。此外，因為本書被歸為社會科學研究，我也希望能留下協助者姓名的調查紀錄。但是，從本書內容可以窺見基恩斯的經營方針和企業文化，就是避免個人過於突出而受到矚目，所以最後我還是避而不談。但是，我的深切感謝之意依舊不變。

CONCEPT SYNERGY股份有限公司的董事長高杉康成先生，除了指教過數本與我共著的論文之外，長久以來也透過許多機會與我分享基恩斯公司的厲害之處。本書內容包含了許多他的見解，事實上可視為與他的共同作品。

再者，在十五年更早以前，我也從在基恩斯規模還小、擔任過管理職的WINDS股份有限公司的岩崎孝明先生身上，首次了解到基恩斯的本質。前述二〇〇九年出版的首篇案例論文，我便請他擔任共同作者。

若沒有兩位，我可能無法繼續研究基恩斯，甚至無法成功出版此書。我在此由衷致謝。

接著，我簡單介紹本書內容。首先，在第1、2章中，我簡單統整、說明了基恩斯高附加價值的經營要點。尤其以推動社會貢獻的經營哲學、實現高附加價值理論為主，加以解釋。僅閱讀這兩章，應該就能理解基恩斯為何能成為超頂尖企業，同時又能獲得高收益的理由。

在第3章中，我將概述有關生產財企業創新的相關理論。第4章之後，我將一邊說明具體案例，並透過管理學角度分析高附加價值經營的本質。如此安排是希望讀者能先理解基礎的理論框架。但是，若讀者只對基恩斯案例感興趣的話，不妨跳過此處，也不會有太大的問題。

第4章到第6章則是解說基恩斯高附加價值經營的詳細案例。第4章提到組織結構；第5、6章則是描述經營過程。第5章主要聚焦於業務關係，說明如何培養優秀解決方案的提案能力。第6章則將重點放在新商品開發上，並簡述高附加價值商品開發的過程，另外還會說明多種成功商品的案例分析。

最後一章將簡單闡明其他企業可從基恩斯的成功案例學習的內容，以取代總結。

本書中的敬稱將全數省略。

本書有極大可能將成為我學者人生的最後一本著作。雖然我著作鮮少，但日經BP社日經BOOKS組第一編輯部的堀口祐介先生幾乎經手了我首本到最後的著作，最後我想對他表達最深切的感謝。

二〇二三年一月

延岡健太郎

第 1 章

基恩斯如何採行高附加價值經營？

● High Value-Added Management at Keyence

1 基恩斯獨特的高附加價值經營哲學
2 成為創新企業的歷程
3 何謂附加價值最大化？
4 基恩斯對就業、稅金、研發的貢獻
5 深耕本業就能獲得八成毛利
6 重視邏輯更勝階級的組織哲學
7 確實執行業績獎金、內部輪調的制度
8 企業文化不只重結果，也在意過程

在全世界的生產財企業中，基恩斯不僅是一間長久以來堅持理想經營模式的公司，就連業績也是達世界頂尖水準。本書將透徹解析它如何實踐高附加價值的經營邏輯。

基恩斯的經營哲學與經營方針至始至終貫徹原理原則，維持簡要，思考方式更是條理分明到幾乎無趣。本書為加深讀者對關鍵要點的理解，會不斷重複說明最根本的經營方針，還請各位了解。

本章節先解說何謂高附加價值經營，並闡述其經營基礎哲學的特徵與意義。基恩斯透過此經營哲學，讓所有員工具備共同目標與想法，且能團結一致，這就是它優勢的基礎。

1 基恩斯獨特的高附加價值經營哲學

① 提升企業客戶的利益

創業初期便提出「以最少的資本與人力，提升最大的附加價值」，這一觀點不僅是經營哲學，也是企業目標。而附加價值最大化的重點在於，不設限於自家企業的業績目標，而是能貢獻於社會發展和人類幸福的普世經營哲學。

若能成功實現附加價值最大化，便能在提高自家企業業績的同時，又能對企業客戶，甚至為社會整體的繁榮做出貢獻。再者，為了達成聯合國永續發展目標（SDGs）所提倡的社會永續性，從最少的資源產生最大價值之哲學觀，便掌握了關鍵。正因為富含社會貢獻意涵，才能激發員工的動力。結果，此經營哲學自創業以來歷經數十年以上的時間，至今持續發揮作用，並不斷創造驚人的發展。

附加價值最大化的具體做法，首要目標是提出能夠提高企業客戶利益的商品及解決方案。具體來說，就是為了提升企業客戶的經營效率、生產力和品質，而提供能減少成本、增加利潤的提案。而企業客戶對生產財企業最期待的是，這類有望提高自己利潤的提案。基恩斯在經營方針上，針對此點一直以來也集中投入經營資源。

總而言之，從附加價值最大化的經營哲學來看，最初且最為直接的成果，就是能夠帶動企業客戶的繁榮（提升利益），這點相當重要。

若能受惠於基恩斯的商品及解決方案，並獲得極大的經濟效益，企業客戶便會根據價格效能（cost performance，編按：根據本書上下文也可翻為性價比）給予相對應的報酬。所謂的價格效能是顯示，對於企業客戶能夠享受的效果（經濟效益）而言，支付費用（價格）多寡的指標。

企業客戶能夠獲得多少經濟效益，主要是透過前述提高生產力及刪減成本等手段，視提高利益的程度來決定。由於基恩斯能為企業客戶帶來巨大經濟效益，企業客戶支付的代價（價格）也會隨之增加，這便是基恩斯最大的優勢，同時也是它達到高業績及高附加價值的來源。

② 新商品開發與解決方案業務，雙管齊下

為了實現此目標，每一位員工都隨時在思考如何增加企業客戶的利益，尤其必須要雙軌進行優質的新商品開發和解決方案業務。具體而言，不只是業務人員，就連負責商品開發者也必須透徹了解眾多企業客戶的現場情況，並盡可能針對眾多客戶持續找尋提升他們更大利益的方法（商品＋解決方案）。

一般在介紹基恩斯的強項時，大多會強調其業務能力或解決方案的實力。但不光是解決方案的能力，他們就連技術在內的商品實力也相當堅強。而最重要的強項精髓在於，整合新商品開發和解決方案業務兩者，並相輔相成創造出更大的顧客價值。

並非只有企業客戶受惠於基恩斯的高附加價值經營而已。企業客戶的利益提升，會創造出更大的附加價值（≒銷貨毛利），進而廣泛分配至整個社會。因此產生豐富的就業機會，支付高額的稅金（法人稅、所得稅），並可能帶動研發等對未來的投資，進而對社會產生更大的價值。也就是說，只是對企業客戶有所幫助，就能產生更大的附加價值，藉此豐富整個社會。

由此可知，基恩斯以附加價值最大化為目標，其實就是對社會做出貢獻。

下一章節我將會概述創造更多顧客價值的理論和實現目標的組織能力和基本框架。在那之前，我要更詳細地介紹基恩斯和其經營哲學，以及它所創造出的巨大附加價值帶來的社會貢獻。

2 成為創新企業的歷程

① 超過二十年以上，營業利益率超過四〇%

基恩斯最初是由創辦人瀧崎武光在一九七二年於日本兵庫縣伊丹市，以Lead電機之名所設立的公司。兩年後變更組織為股份有限公司，在兵庫縣尼崎市成立了Lead電機股份有限公司。一九八六年從Lead電機更名為現在的基恩斯股份有限公司。一九八七年在大阪證券交易所市場第二部上市，一九九〇年則在東京、大阪證券交易所市場第一部上市。

瀧崎生於一九四五年，畢業於兵庫縣立尼崎工業高中，在外商設備控制機器製造商工作，之後成立、解散了兩間公司。爾後記取教訓重新成立的公司就是Lead電機。

如圖表1-1所示，公司上市後，超過三十年皆維持亮眼的成績並持續成長，尤其是營業利益率的表現更是十分驚人。即便在營業額超越一千億日圓，規模擴大的二〇〇〇年之後的二十二年間，營業利益率也從未降低至四〇%以下。一般優良企業的營業利益率大概在一〇至二〇%之間，就已經算表現十分突出了，但是基恩斯在雷曼危機極度低迷時期（二〇〇九年度），依舊創造出四一%的成績。

二〇二一會計年度（二〇二二年三月期）（統計期間：二〇二一年四月一日～二〇二二年三月三十一日）的營業額達到七千億日圓，而營業利益則超過四千億日圓。營業利益不僅是指相對於營業額的比例數字，從金額來看也已經超越大多數的製造大廠了。另外，海外銷售額比率也不斷持續上升，在二〇二二年之際已達到約六〇%的程度。由於基恩斯在世界各地也貫徹相同的經營方針及業務流程，在國際經營上的成功也相當顯著。

二〇一四會計年度至二〇二一會計年度的八年期間，營業利益率總是超過五〇%。從結果來看，即便基恩斯屬於較年輕的企業，但二〇二三年一月的市價總額已超過十三兆日圓，在日本企業當中與豐田汽車、索尼等公司位居前五名。在此提供其他生產財為主的電器設備企業同時間的市價總額給大家參考，三菱電機約三兆日圓，恩益禧（NEC）約一・五兆日圓。

正因為創下長年難以用常識解釋的高營益率，基恩斯因而容易遭到誤解為是過度追求利

圖表 1-1　營業額與營業利益的變化

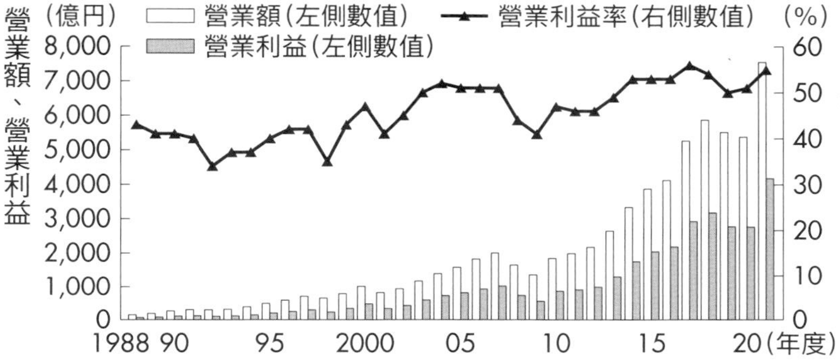

益的黑心企業。但是，基恩斯卻完全不是這樣，相反地，基恩斯透過創造更多新價值豐富了整個世界，是一間值得受到尊敬的創新企業。

撰寫本書最主要的目的在於讓讀者理解這個事實，並給予其他企業可追隨的提示。

②創新企業的正確意義

基恩斯雖是日本最大的創新企業之一，但這一事實卻不被廣泛接受，因為有不少人曲解了創新企業本來的定義。

所謂的創新，有別於提出技術革新的方法，而是指從結果來說，基恩斯創造或提供客戶或社會能夠享受到的新型價值。這同時也是技術革命（方法）與創新（結果）的最大差異。但是一般來說，社會普遍認為使用過往不存在世上的ＡＩ（人工智能）或機器人等創新技術、開發新商品的企業才是創新企業。

基恩斯也會運用此類創新技術，但僅是當成工具來活用。從結果論來說，重要的是能為客戶和社會創造出莫大的價值，這才是名副其實的創新企業。

事實上，有許多報導及文獻皆確實給予基恩斯合理的評價，將基恩斯定位為代表日本的創新企業。例如，在二〇一〇年已受到矚目的《創新的兩難》（*The Innovator's Dilemma*）之作者克雷頓・克里斯汀生（Clayton M. Christensen）及其他作者在二〇一一年的共同著作《創新者的DNA》（*The innovator's DNA*）當中，基恩斯就與谷歌（Google）等GAFA企業入選為世界優良創新企業前二十五名。此外，創業者的數位策略媒體「日經×Trend」，在二〇一九年發表日本創新企業龍頭時，將豐田汽車、LINE甩在後頭，榮登第一名的就是基恩斯。

從地球上現存有限的資源中創造出嶄新、巨大的價值，正是此種創新才能帶來社會的繁榮。而此不浪費資源的做法，對永續社會而言相當重要。並非仰賴AI等手段，而是從結果看來，產生了莫大價值才是所謂的創新。基恩斯以附加價值最大化為目標，也可說是創新的最大化。其中包含對創新理論的深思熟慮，以及為實現創新採取的優良管理方法。

3 何謂附加價值最大化？

①何謂附加價值？

社會在創造新價值的創新含義上，繁榮發展。這是基恩斯從創業以來，揭示以附加價值最大化為目標的思考背景。

「創造價值」正是基恩斯掌握的經營關鍵，但其中要注意某些詞語。我們在此重新複習附加價值的定義。所謂的附加價值，指的是在企業購買的原材料上賦予新價值，簡單來說就是將營業額（生產總額）減去原材料成本等所產生的差額。由於在原材料上「賦予價值」並調高至售價，其差額就稱為「附加價值」或「附加價值總額」。

加總日本國內經濟活動所創造出的附加價值即「國內生產毛額」（GDP），這是象徵國家經濟成長和富裕的指標，在這層意義上，正確理解附加價值至關重要。企業的財務報表中，並沒有附加價值總額的項目。雖然定義不完全相同，但最相近的項目是銷貨毛利或毛利率。本書為了方便，將銷貨毛利、毛利及附加價值（或附加價值總額）視為等同，請特別留意。也就是說，在企業裡要將附加價值總額最大化，代表將售價與原材料成本的差額（銷貨毛利或毛利）最大化。另外，經營上若重視收益能力，附加價值總額占營業額的比例也相當關鍵。

但是，附加價值一詞在一般日常情況下，偶爾會出現不同的語意。例如，在很多公司常聽到「我們希望為即將推出的商品，賦予獨特的附加價值」，這就代表要在商品上附加或追加獨特的事物，並提高售價。

在這種情況下，通常都需要追加功能或配備，因此無論是原材料成本或銷售額（價格）都將提高，不能僅僅關注其產生的差額。這與原先的銷售額與原材料成本的差額定義下的附加價值總額，語意就稍有出入。

舉例來說，一般認為在咖啡廳點一杯附加鮮奶油的維也納咖啡之附加價值，比黑咖啡還要高。但是，從原先的附加價值意義來看，比起加入成本較高的鮮奶油、以一百元販售的維也納咖啡，從數十元的原料做出八十元的黑咖啡，至少從銷售額的占比來看，大多數情況下後者的附加價值比較高。

基恩斯想達到的附加價值是原先意義的附加價值，指的是售價與原材料成本的差額（銷貨毛利或毛利），並相當重視銷售額的占比。我在商品開發章節（第6章）會提到，基恩斯重視附加價值的最大化，因此有許多案例是他們在清楚找出顧客的問題和潛在需求後，選擇從商品規格中刪除對顧客而言價值較低的配備或功能。

「由於看重附加價值，因而刪除特定的功能或配備」，通俗的說法應該不太這樣表示吧。

請各位留意附加價值的語意差異。

②創新的指標——銷售毛利（≒附加價值總額）

基恩斯自創業以來，便以創新為目標，努力達成附加價值的最大化。當初粗略訂下銷貨毛利或毛利（≒附加價值）占銷售額八成的數字，經過三十年幾乎達標了。但基恩斯強調自己並未刻意將八成的毛利率設為目標，僅僅大概抓出一個數字而已。因此，若你的商品對社會的貢獻程度較高，就不必執著於這個數字。

如圖表1-2所示，二〇二一會計年度（二〇二二年三月期）的毛利率是八二％。以下數字僅供參考，同樣以生產財為中心的ＮＥＣ或三菱電機等企業的毛利率根本還未能達到三〇％。

毛利率達到八成，就等於企業客戶以五十萬元的價格支付購買基恩斯用十萬元的原材料開發並製造的商品，而其八成的四十萬元就會是所謂的毛利。另一方面，對於毛利率三成左右的一般大企業來說，就等於企業客戶僅支付了十四萬元而已。以十四萬元販售用十萬元的原材料費製造的商品，毛利是四萬元，相當於價格的三成。

此外，以上述三間企業包含研發費在內的「銷售及行政費用」的比例來看，大多位於二五％上下，並沒有太大的差異，因此，從銷貨毛利扣除費用後所得到的營業利益當然會出現

圖表 1-2 銷貨毛利（≒附加價值）、銷售及行政費用、營業利益

（2022年3月期 單位為億日圓）

	基恩斯	NEC	三菱電機
營業收入	7,552	30,141	44,768
營業成本	1,340	21,277	32,122
銷貨毛利（≒附加價值總額） 占營業收入占比	6,212 （82%）	8,864 （29%）	12,646 （28%）
銷售及行政費用 占營業收入占比	2.031 （27%）	7,630 （25%）	10,137 （23%）
營業利益 占營業收入占比	4,180 （55%）	1,325 （4%）	2,521 （6%）

（出處）作者自各家關係企業財報製表而成

極大的差異。如同表1-2所示，基恩斯的營業利益率為五五%，而其他公司則在五%左右。

以同樣花費十萬元原材料費製造出的商品來說，讓企業客戶支付五十萬元的基恩斯與其他僅支付十四萬元的公司比起來，基恩斯難道就是只重視利益，對社會毫無貢獻的企業嗎？

以附加價值最大化為經營目標，企業必然會走向創造高收益的經營，有時卻遭到誤解，這反而與創造社會貢獻背道而馳。事實上，分析基恩斯就會發現透過創造高營收，除了能夠為顧客提供更大的價值之外，更是做出相當大的社會貢獻。

③高附加價值的邏輯——即便高額卻能達到極高的「價格效能」

在此最重要的是，基恩斯的毛利率高達八

○%以上，不光是基恩斯受惠，就連企業客戶也同時受益於自身公司的利益提升。基恩斯屬於生產財企業，因此客戶皆為企業。企業願意支付高代價購買，通常都是因就效能而言，基恩斯商品具備高經濟價值；因此即便價格高昂，依舊具有相當好的價格效能。也就是說，企業客戶會因基恩斯商品獲得的利益程度（提高生產力、降低成本、提升商品價值與品質）來決定支付金額。

企業客戶透過此般提高生產力、降低成本，提升商品價值與品質的方法，獲得提升利益的效果，本書將此定義為對顧客的「經濟價值」。也就是說，對企業客戶而言，所謂的「價格效能」中的「效能」指的就是經濟價值。

企業客戶會根據生產財企業提供的商品、服務的性價比，來決定支付金額的多寡，這與一般企業會考慮回報率來決定投資金額的道理相同。

常有人說，因為商品是生產財，所以顧客不以主觀的情感價值，而是會站在客觀的角度，從商品的規格及品質等功能性價值來判斷是否購買。然而，這樣說並不十分理解情況。企業客戶是透過經濟價值（提升利益），以及由此計算出的性價比來評斷是否購買。但是購買商品的功能、規格或品質的高低幾乎無法反映各個企業客戶能享有的實質經濟價值，而這也是在本書中多次強調、極其重要的一點。

我們舉簡單的案例來思考。如果有一家企業客戶，因為基恩斯提案的商品及解決方案而成功降低成本一百萬元（經濟價值），單就其效果來看即使支付基恩斯五十萬元，其性價比是相當高的。而若是原材料成本十萬元的商品即可達到如此效果，那以結果看來毛利會是八成（十萬元的原材料，五十萬元的營業額）。

就此五十萬元的情況而言，基恩斯的毛利會達八成，這時是否需要因為賺太多而降價呢？如果基恩斯的提案確實是企業客戶沒有察覺到的問題，也因此降低了成本一百萬元的話，那麼收取五十萬的代價才是恰當的做法。

若就此降價，那就經濟效果而言，便只有企業客戶獲得莫大利益，從另一層面看來也並不公平。讓企業客戶支付與經濟價值相對應的代價，才符合經濟系統的運作。再加上，即便企業客戶支付相應的代價，他們也會因為縮減更多的成本而感到高興，因為性價比相當高。

基恩斯之所以能達到極高的銷貨毛利率，都是因為企業客戶發現比起向其他生產財企業，倒不如向基恩斯購買才能提高巨大的利益。另一方面，如同前述，多數（被稱為）一流的生產財企業並未向企業客戶提供真正的經濟價值。基恩斯與一般生產財企業的最大差異在於，在所有的經營抉擇上，是否總以提升企業客戶的利益為第一考量。

從企業客戶的立場來看，導入相同的設備或系統，若能降低一百萬元成本，就會支付五十萬元；相反地，若只能降低二十萬元成本，那就只支付十四萬元。以此為例，可以說基恩斯的所有員工（尤其是商品研發及業務）無時無刻都在思考如何做出盡可能讓更多企業客戶能降低一百萬元成本的商品和解決方案也不為過。

4 基恩斯對就業、稅金、研發的貢獻

前面已提及販售生產財的優秀創新企業會為企業客戶帶來極大的經濟價值，接著我將簡單說明藉此創造出極大的附加價值（銷貨毛利），超越自家公司和企業客戶的同時，能帶動整體社會的繁榮。

從社會貢獻的角度來看，重要的是向基恩斯看齊，將毛利當成創新的目標，而非營業利益。毛利扣除「銷售及行政費用」（管銷費）後，所得的數字就是營業利益。因此，若希望是營業利益最大化的經營方式，那麼只要像節省各種經費般，減少就業（薪資）或研發費就好，但這麼做是無法成就真正的社會貢獻。

①對就業及薪資的貢獻

若能提高銷貨毛利，就能從中創造更多的就業機會，也可以有更寬裕的薪資分配。但這與

減少就業或薪資就能增加的營業利益有所不同。基恩斯長期維持八成的銷貨毛利率，也從豐厚的毛利中，經常給予員工最高薪資，一直以來都是居高臨下、稱霸日本的龍頭企業。

根據有價證券報告書所示，基恩斯二〇二二年三月期（二〇二一會計年度）的員工人數是兩千五百九十九人，平均年收是兩千一百八十三萬日圓。然而，關聯企業的員工人數是八千九百六十一人，並未達到相同的平均年收。再者，從二〇一四年度的變化看來，平均年收大多維持在一千六百萬日圓以上，其中二〇二一年超過兩千萬日圓。此年薪在日本企業中常名列前茅，由此可見這是將勞動生產力（以個人為單位的附加價值）最大化的結果。

日本典型的大型企業時常在社會責任上，主張重視員工招聘。倘若無法提高毛利和勞動生產力，便無法提高薪資並維持長久穩定的雇用。因此，不能只重視招募及員工，關鍵是資金來源。若僅僅只是主張重視員工招聘，有時將淪為偽善。

事實上，多數大企業在過去數十年期間都曾在某個時間點面臨業績惡化，不得已只能裁員或實施優退。尤其在整體社會都苦於不景氣之際，很多企業表示並非自家企業不願負責，而是推託大環境不好。

基恩斯因為具有能夠確實創造出附加價值的制度，自創業以來理所當然從未採取裁員等手段。方才提及的雷曼兄弟事件時，不只沒陷入赤字危機，更是得以維持四〇％的高營業利益率。

薪資過高在過往曾受到批判，但自二〇二〇年之後，整體日本社會終於開始樂見並致力於推動提高薪資。在這股風氣當中，基恩斯成了領先的成功案例，不僅成功活絡了日本經濟，同時也讓自家員工與員工家人獲得了幸福。

②投資創新、活絡資源

其次，毛利一旦增加，不只是雇用或薪資，更能在面對社會未來的基礎研究或研發等創新基礎上，投入更多資源。基恩斯在創新上的一大投資，可說是建立了可直接向企業客戶提出解決方案的銷售業務團隊。基恩斯自創業以來，皆維持不仰賴代理商，而是採取直接銷售。而多數的生產財企業卻是為了減少固定費用，而以小本經營為目標，委託代理商販售。

另一方面，基恩斯正是因為能夠創造極大的毛利，因此在日本國內外擁有幾千人的解決方案業務團隊。而業務團隊為了改善企業客戶的效率或幫企業客戶解決問題所提出的方案，就成為創新的原動力，這正是本書的主題之一。基恩斯在培養員工能替企業客戶創造巨大價值的傑出諮詢顧問能力。

毛利若足夠，就能在基礎研究上投入更多資源，並透過先進技術對社會產生貢獻。即便無法讓企業產生短期利益，但積累的技術能力會成為社會的共有資本，進而對社會產生極大的貢獻。這世上也是需要即便會壓縮營業利益，也要透過龐大的研發經費投資來貢獻社會的優良企業。

足以代表日本的大型製造業都曾經歷擁有許多優秀的技術人才，並憑藉最先進的研究開發，對社會做出貢獻的時代。企業的研究中心更是孕育出了多位諾貝爾獎得主。不過，可惜的是近年來許多企業因為無法創造高毛利，而縮小中央研究機構的規模。

創新若實現高毛利成果，便有機會對研發或解決方案的業務團隊等，進行大型的策略性投資。若能確實取得成效，進而產生更龐大的銷貨毛利，就更有機會進行更大的策略性投資。這種策略性投資與銷貨毛利中產生的良性循環，對企業、社會都不可或缺。

③向國家或地方政府繳納稅金的貢獻

上述是有關銷貨毛利（≒附加價值總額）的說明。在高銷貨毛利的情況下，即使將豐沛的資金運用於員工薪資或研發費等管銷費上，剩餘通常被歸類為營業利益的金額依舊相當充足。

粗略來說，基恩斯多年來皆可達到每年平均八成的銷貨毛利率，因此即便從中分配三成用於管銷費，依舊能夠實現五成的營業利益率。雖然因為高額的營業利益而支付龐大的法人稅，但這也是重要的社會貢獻。

舉例來說，根據基恩斯二〇二二年三月期的財務報表「法人稅等」的支付額就高達約一千三百二十億日圓。即便除去已公開關聯企業約九千名員工人數計算，一個人所支付的法人稅也將近一千五百萬日圓。另外，不光是法人稅，就連員工的年收也很高，因此需支付的所得稅也不少。創新企業的每一位員工，便是透過這種方式支撐著國家或地方政府的財政，並對社會做出貢獻。

而創造出大型附加價值的創新企業，更是這樣從各方面讓社會變得更加豐足。

④基恩斯與具象徵性的日本傳統企業的共同點——公司是公器

即便基恩斯主張自己是一間以優良經營哲學為基礎，尤其注重社會貢獻的企業，但依舊有不被認同的情況。不過，基恩斯與主張「公司是公器」而備受尊敬的松下幸之助的想法相當接近（松下，1978）。

松下幸之助告訴員工，我們提供客戶的並非是客戶想要的，而是超出這範圍，供應真正能夠幫助客戶，並讓他們感到高興、感動的商品。其次，他希望透過讓客戶高興給予的營業額與利益來回饋社會。松下電器作為公器應盡的責任就是不裁員，並藉由豐沛的銷貨毛利創造出更多的就業機會，並為了國家支付充分的稅金，而這些正是基恩斯至今所做的。

松下幸之助與基恩斯的共同點遠遠不僅於此。例如，「日日新」的想法也是如出一轍。基恩斯在總公司大樓擺設了多個化石，希望藉此警惕切勿執著於過去，就連跑業務的做法也是厭惡採取固定模式。實際上，這一點也影響了本書的內容。我斬釘截鐵的記述了成功原因來自於特定的經營流程，不過基恩斯多次指出「做法並非固定不變，我們會因應社會有所改變」。

此外，本書也詳細介紹松下電器在昭和八年（一九三三年）首次在日本引進的事業部組織制度，而基恩斯為了實現高附加價值的經營，也最大限度的運用了此制度。基恩斯從商品開發和業務到策略管理，共分成九個事業部。各事業部擁有獨自的主體性，並朝著目標團結合作，這可以更顯著呈現事業部制度的優點。

5 深耕本業就能獲得八成毛利

① 企業的存在價值與社會貢獻

一般而言，在企業公關宣傳資料中的「社會貢獻」頁面，常見義工活動或支援文化、運動等介紹，但基恩斯卻強調透過本業達到社會貢獻的重要性。具體來說，他們認為在自家企業擅長的領域中，創造只有自家公司能生產的優良商品與解決方案，並藉此產生更多的附加價值，這才是所謂的社會貢獻。

即便宣稱自家企業創造出的附加價值才是所謂的社會貢獻，但或許對於一般民眾依舊難以理解。我相信透過前一章的概述應該能讓讀者比較清楚掌握，但還是稍微詳細說明。

以災害重建援助等為目標的單次捐款的價值當然相當高，但若從長遠的角度思考社會貢獻，就會發現透過自家企業建立的組織能力或技術能力，持續向企業客戶提供能讓他們更加富足的商品及服務，再將其帶來的外溢效應列入考量，可說是舉足輕重。

創造出大型附加價值，釋出充足的就業機會、投資於創新，並持續繳納龐大的稅金，這對於整體社會經濟的永續繁榮才是最大的貢獻。

建立能帶來這種社會貢獻的優良經營制度，正是一間企業的社會存在價值。即便只出現在特定時期，但曾被譽為一流企業的豐田汽車或松下電器、佳能（Canon）等企業皆可說是在相同的意義層面上，累積了不少社會貢獻。

再者，最大限度且有效運用社會的有限資源，創造有益於客戶或社會的極大價值，對經濟或地球環境來說都是好事。面對永續的社會發展，此想法也會帶來極大的貢獻。

對社會貢獻大的創新企業不會參與薄利多銷的削價競爭，反倒會絞盡腦汁思考如何為顧客帶來價值，並專注於提供獨特且價值高的商品。即便物理上的生產量少，卻能為客戶帶來極大的喜悅，因此經濟上的生產性反而提升，也能豐足社會經濟，並將環境帶來的影響降到最低。此外，如果是這類商品，就不會沒人買、沒人要，也會降低報廢的浪費。

②以高度社會貢獻為目標——「成果總額」

如前述，基恩斯至今創造出的創新實績，可從銷貨毛利率長年超過八成一窺究竟。這便是社會貢獻，也是對別人助益與否的程度指標。若沒有特殊理由，銷貨毛利率卻大幅低於八成的話，就代表公司商品「對顧客或社會的價值，並未達到自我設定的助益目標程度」，這樣下去就有可能不導入市場。與其說是利益低，倒不如說是因為未能達到企業設定的社會貢獻目標，而選擇不上市。

這時就需要再重新思考，並以開發更能夠提供企業客戶幫助，且能對社會創造巨大貢獻的商品為目標。具體而言，就是再多下工夫，對企業客戶提供更大程度的經營改善方案，以提高經濟價值；且有必要徹底檢討做出即使價格高昂，顧客依舊會高興買單的商品。

對商品開發或業務來說，都希望透過高程度的銷貨毛利（＝附加價值總額）來達到社會貢獻。目標設定或業績評價的主體皆非營業額，而是附加價值總額。

業務人員的績效考核也是以附加價值總額為基礎，計算出特有的指標「成果總額」來評斷。而業務也直言，他們看重的是提高企業客戶利益並讓客戶高興的結果，且重視獲得的成果總額。他們充分理解比起營業額，附加價值總額較能正確反映出對顧客及社會的貢獻。他們不太在意自己的營業額，因此即使被詢問也常出現無法立即回答的情況。這與其他多數企業即使打折也要達到銷售業績的業務反應截然不同。

6 重視邏輯更勝階級的組織哲學

① 個人與制度皆強的二刀流

如同到目前為止所說，設定高遠目標，而組織全體為了達成目標，必須貫徹相同想法與經營方針。

位於大阪的高收益製造業公司基恩斯，擁有不起眼的厲害專利或技術，另一方面也有大量的業務團隊。一般人的印象或許以為它是以賺錢為優先的俗氣公司。但事實上，基恩斯的經營方針或企業文化皆與其大相逕庭，說它是一間高度知性、簡潔精確的最先進經營企業也不為過。

簡單形容基恩斯的組織特徵，就是「面對高遠目標，專家團隊能提供極佳的解決方案，以邏輯清晰的明確經營方針為基礎，團結共同向前邁進的組織」。總體而言，每個人的能力都相當強，但組織整體並非由能力格外突出、被選為主管的領導者所帶領。基恩斯自創業以來的目標，一直都並非針對特定個人，而是希望建立良好的組織制度並營運的企業。

不過，難以解釋的是，基恩斯也並非全然「不仰賴個人能力，而全靠組織制度營運」。比較接近的組織形象企業，應該是管理顧問公司麥肯錫（Mckinsey & Company）吧！朝目標前進的經營組織制度十分穩固，但以個人為主體思考並付諸行動的能力與知識又極為充足。不偏向組織或個人任何一方，而是兩者皆達高標的二刀流。

正因如此，自創業開始，基恩斯一路走來便以公司裡就算沒有特別優秀的經營高層或資深經理人，仍可不斷創造突出業績的組織為目標。但與此同時，他們也相當重視個人能力，因此在組織流程中有每天累積深度學習的制度。組織與個人的強項因此能相輔相成、發揮成效，企業的高附加價值經營能力也因此可以年年強化、提升。

一個不仰賴特定個人或領導能力的組織，卻能夠不斷打造高業績的優秀企業如何誕生？答案就出自經營方針與組織邏輯，就是徹底追求市場原理及經濟原則（原理原則）的合理化，此部分會在下面說明。

②重視明確的邏輯與合理化

所有員工以提升企業客戶的生產性（利益）為優先目標，絞盡腦汁思考付諸實現的方法。企業重視的並非個人的主觀判斷，而是看重憑藉多數企業客戶的現場狀況與明確的價值提升邏輯是否具合理性。

因此，根據這條基本原則，只要邏輯或判斷正確，無論你位居組織內何種職位，即便是新進員工的發言，都可能被接受。由於核心主軸是市場原理、經濟原則等原理原則，因此與發言的對象無關，基恩斯只會憑藉發言內容給予評價。

公司依照此規則，因此就算是部門主管也不會發揮強大的領導能力，逼迫他人接受自己的主觀觀點或想法。企業所有的策略擬定或決策皆需遵循正確的邏輯與事實。公司絕對不容許只因員工的組織層級或職位、年齡、性別等因素，他們的意見或發言就被戴上有色眼鏡看待。

此經營方針帶來的重要成果之一是，創造出即便年輕員工也能積極提出自我意見的企業文化。所有的言論都會受到公平對待，只要是邏輯正確的討論，無論是前輩或上司皆會誠心聆聽。正因如此，也能產生活絡的意見交換或愉快的討論。

同時，大家闡述意見的機會很多，從新進員工時期便開始培養竭力思考的習慣，這一點也相當重要。此外，因為公司重視反映事實或邏輯的討論，包含中堅員工在內的每一個人都時常學習。想當然耳，除了學習企業客戶的業務或現場，也必須學習最新的業界、市場動向或新技術資訊，不然無法跟上討論。

以邏輯為優先的文化支持基恩斯所重視的企業理念「抱持目的意識，自主行動」。他們並非根據前例或常識、風俗習慣、組織層級，而是希望員工徹底思考，包含目標怎麼設定、邏輯是否正確並徹底學習之後，率先主動採取行動。多數企業則會因為在意或揣測上司或前輩的想法，而出現許多年輕員工的優秀意見無法浮出檯面的情況。為了提升經營品質，培養活絡意見交換或討論的企業文化必不可少。

③上司與下層並非階層高低，而是責任分擔

基恩斯是以上述原理原則為最優先所組成的專業集團，因此不太重視組織的階層。最具代表性的例子是部門最高管理階級的職稱。

在基恩斯大多都會避免在部門或小組的高層職位職稱上，加上「長」字，而是以「負責人」稱之。事業部長稱為事業部負責人，而銷售辦事處處長則是銷售辦事處負責人。其他像感

測器事業部長則稱為感測器事業部負責人。再者，一般部長或組長也採相同邏輯，例如，將事業推動部長稱為事業推動部負責人，商品開發組組長是商品開發組負責人。部門最高階層者並非占階層高位的「○○長」，而是就職責分擔而言，需肩負責任、統籌的「負責人」。

基恩斯認為在客戶現場發生的事實，以及能引發價值聯結的邏輯才重要，所以位階高者憑藉權限而決定事情的必要性很低。但這不代表基恩斯內部毫無組織的階層意識，只是公司竭力抑制。

他們不看重組織階層，與經營理念「抱持目的意識，自主行動」的一致性相當高。基恩斯要求的並非下屬漫無目的的聽從部門負責人的意見，而是全體員工需要自己思考目的，主動提出觀點並努力實現。

我在基恩斯進行意見調查之際，就有不少人多次向我提及，他們不稱呼○○長，而叫負責人的理由是因為基恩斯的上下關係並非看階級職稱，而是依據職責分擔。與其說負責人是站在上位者的立場，下達命令或率領大家，倒不如說他們負責釐清思緒、脈絡來整合組織方向。

因此，基恩斯擔任負責人等同於出人頭地的象徵意義也相當渺小。也就是說，職位是由有能力者輪流擔任。由於基恩斯設計的人事制度，並不會造成過度爭奪的晉升之戰。而且，即便負責人輪替職位，也大多不會產生降級的印象。

此外，因基恩斯的組織概念並非基於階級或次序，因此年輕員工也較容易擔任負責人的職務，而這確實存在著相當多的實際案例。也有許多人在三十到三十五歲之間，被任命為銷售辦事處負責人。這點與年輕時便交付任務的人才培育方針表現一致。

再加上這些做法相當有基恩斯風格，並非淪於形式，或只是象徵性實施而已，它完全反映組織的營運方針。一員工說道：「我在公司內部從未聽過事業部長，大家都是稱呼事業部負責人。」不過，若是外部資料上，例如報紙的人事異動報告或有價證券報告書的董事說明等，會出現「事業部長」、「銷售辦事處處長」、「事業推動部長」等字眼；名片上也有同樣的職稱，像「事業部長」。公司內部徹底執行完全不受階級、職稱、年齡左右的企業文化；在公司外部則因一般職稱比較容易了解，而順應沿用。

在公司內部為了避免不自覺的產生階級意識，因此不以職稱稱呼他人，而是互相叫對方「先生／小姐」，就連新進員工稱呼社長時也一樣。而且，說話時不論階級皆需使用較為禮貌的用詞。這一做法也是希望藉此消除上下關係。上司或前輩面對年輕員工時，也不會直呼名諱或使用粗暴的語詞。在公司內部討論工作內容或交換資訊時，每個人都站在對等的立場。

一般人對基恩斯的印象，雖稱不上是黑心企業，倒是認為它攻擊力道很強。然而，這種印象卻與事實完全不符。當然，對員工而言，基恩斯並非是輕鬆的組織。３Ｍ或豐田汽車等的優良企業，與其他競爭企業相比，對於員工的要求也較為嚴格。例如，他們會不斷重複詢問原因，或是要求員工常去現場並徹底進行調查、絞盡腦汁思考。此外，據說豐田汽車參與其他公司或政府機關舉行的會議時，基本上都是要求一個人參加，肩負所有責任。他們去除多餘事物，重視個人自主性、責任感與思考能力。

基恩斯也相同，他們基於正當且合理的理由，嚴格管理組織及人才，對於一流企業而言這樣做是理所當然。

7 確實執行業績獎金、內部輪調的制度

① 組織、小組重於個人的「業績獎金」

不拘泥於組織階層，為了達成目標共同邁進，基恩斯這點與運動團隊非常相似。在足球比賽中，不論前輩、後輩皆對等，互相給予指示。此外，比起個人成果，更傾向追求團隊勝利也是如出一轍。因為，若只重視階層或個人的職位，就無法達成公司目標。

在基恩斯也是，並非只看個人成果，反倒更加看重團隊或整體組織共同要達成的目標。我

重複提及，基恩斯的具體目標是透過向企業客戶提供巨大的經濟價值，讓自家企業的附加價值最大化。

因為這是全體員工共同追求的目標，因此就必須提高每一個人的參與意識與動力。為此，公司每一個月的業績都會率先反映在全體員工的薪資及獎金上，也就是說，決定薪資高低的主體並非出於個人的業績考評。

每個月公司所創造的附加價值，也都會反映在員工的薪水上。具體而言，全公司一定比例的業務利益會算進基本工資中，此制度稱為「業績獎金」。藉由此制度，便能提升員工參與經營的意識。回顧過去幾年的平均年收，會發現在一千六百萬到二千萬日圓間浮動，這是因為年收因應每年的營業利益而有所變動。

在所有日本企業當中，基恩斯的年收位居最高，因此有時會遭人誤解該企業主張強勢的成果主義。但事實上，平均年收高的最大理由是該公司的高業績會直接反映至全體員工的薪水上，而在這種高平均年收的企業中，階層或成果的差異所帶來的個人所得差距就會比較小。

業績獎金占年收一大部分，因此相反來說，一旦公司業績下滑，個人年收也會隨之下降。員工深知這點，這也成為團隊或個人努力前進的原動力。業績獎金制度的歷史相當久遠，為了使公司與個人成長，以及公司業績與個人的年收之間的關聯性毫無扭曲、直接聯動，基恩斯創業第三年首次獲利時，便開始將部分營業利益給付給員工。

為提高附加價值，基恩斯明確定義公司整體需努力的經營方向與流程。每一位員工為達成目標所做的努力，皆會直接與公司的業績達標連動。另外，這也直接影響個人的能力提升，所以員工才能維持努力不懈的動力。在這種遵循確切方針的策略與組織下，全體員工同心協力朝著共同目標、努力前進，而正因為身處這樣的制度與流程當中，所以優秀的員工便能急速成長，建立起理想的好循環。

②經歷其他部門或負責人的輪調制度

為了讓組織朝目標團結一致，必須充分理解其他部門的作用及職責，而ＣＤＰ制度（Career Development Program）就是為了推動上述行動的制度。此制度以事業部門為主，在短時間內參與其他部門的工作，便能開闊視野，加強考量全體的能力。

典型的例子是，商品開發人員花大約半年，體驗業務相關工作內容，藉此更深層的學習業務流程或顧客使用商品狀況等知識。

有位在自動辨識事業部底下，擔任條碼讀取器商品開發負責人，就曾透過ＣＤＰ制度，體驗了主導行銷與解決方案業務的促進銷售小組的工作，並說了以下感想：「我拜訪了日本國內所有的銷售辦事處，也嘗試向顧客提供技術諮詢顧問服務。站在使用者的角度看待商品時，我才發現除了『如何快速且正確讀取』之外，像是機器好用與否、機器安裝或控制方法等，在掌握核心的讀取功能上，其實存在許多『令人困擾之事』。」（參照本書結尾參考文獻／網頁資料：基恩斯官網ＨＰ１）

如此一來，員工實際前往商品使用現場，花一定程度的時間多方觀察，便能更深刻理解真正的顧客價值。現今的商品開發已能夠像商品的功能或規格般，透過文章或數字表現顧客的需求，因此單純的創造價值已經不再足夠。

在專業以外的領域，體驗各式各樣的工作，能促進培養開闊的視野與新能力的開發。因此，近年來也增加了實施外派到國外當地法人的「海外ＣＤＰ制度」。

另一項ＭＤＰ制度（Management Development Program）則是可以體驗負責人的職責。一位進公司就當了六年的業務員工，利用ＭＤＰ制度，成為在銷售辦事處擔任特定商品團隊的負責人（後面會提及，此稱為「機種負責人」）。據說他在轉換職位後，切身感到自己肩負全團隊工作成果的責任，進而能從營業方針或銷售方式等多種角度，進行較為深度的思考。

透過ＣＤＰ或ＭＤＰ制度，員工增加了多樣職務相關的橫向知識串聯，同時也能得知負責人與擔當者兩方的縱向觀點。此舉與基恩斯將組織的縱向與橫向延伸，限制在最小限度，並且讓整體公司團結，以求達成顧客價值最大化的公司方針相當一致。

企業存在與基恩斯相同的制度，卻未善用的例子不少。但這些制度在基恩斯確實與公司的整體方針相輔相成，產生更大的效果，因此可見其積極運用。尤其是引領商品開發的人才，從基恩斯的策略出發，也必須確實掌握企業客戶的現場與業務及行銷之相關事務。

8 企業文化不只重結果，也在意過程

① 員工堅持過程和邏輯，就能得到正確評價

到目前為止，我說明了基恩斯比起組織階層，更加以邏輯為優先；相較於個人成果主義，更率先考量團隊的企業文化。另外，還有一項重要的企業文化與此息息相關，就是不光只看重結果，也相當重視過程，以及過程與結果之間產生的因果關係。

所有工作，除了是附加價值最大化的成果之外，也需要驗證成果的過程與邏輯（因果關係）的正確性。例如，評斷組織或個人工作成果時，不光以結果論，同時也重視過程。

在此以淺顯易懂的業務人員為例說明。評價業務工作時，不光只看營業額的成果，就連

實現業績的過程也會一併考量。獲取業績的過程，包含執行業務活動的方法或頻率（電話、拜訪、測試等）、向企業客戶提出的解決方案內容、有效商談數量、獲得的顧客資訊，以及為提案而獲得、理解的知識等。

因此，僅有銷售成果也無法獲得高度評價，也就是說如果未能找出過程與最後成果之間的正確因果關係，基恩斯就無法給予好評價。假設僅以銷售成果來判斷，若企業客戶在因緣際會下，投資了一間新的大型工廠而基恩斯幸運獲得訂單，又或者僅因前任交接而拿到營業額，也都能得到極高的評價。但是，偶然的結果並不會帶來長期穩定和持久的訂單，員工不得對其抱有期待。

再者，假若企業客戶的生產力或利益的提升幅度小，僅是因為實際銷售的皆是性價比較低的商品時，基恩斯也不會給予高度評價。因為這種銷售不僅不會長久，且販賣的商品也無法為企業客戶帶來充分的經濟價值，反而會降低客戶對提供解決方案基恩斯的信任。

原本從經濟哲學的角度出發，比起商品銷售，公司更需要優先考量透過提出正確的解決方案，以提升企業客戶的利益。從這點來看，若無法提出獲取更多利益與性價比的提案，銷售商品的意義便不復存在。相反地，在某些時期，即便銷售成績不佳，卻能堅持正確的過程，業務人員就可得到合理的評價。

為了得到長期穩定的成果，基恩斯必須堅持執行正確的業務過程，並將其發揚光大。選擇適當的企業，有效進行業務活動，並能好好提出與提升生產力及品質相關的提案，這麼做必定能維持相當高的成功機率，而有穩定獲利。雖然也有因為多種因素，造成即便業務過程正確，依舊無法獲得成果的情形發生，這時重要的就是持續努力優化成功機率較高的過程。經營若僅追求短期結果會發生許多弊病。

②重視因果關係的功效

重視因果關係也能有效改善業務。營業人員的銷售實績不佳時，只要透過正確的因果關係分析，就能明確知道欠缺什麼。例如，造成業績差的理由是因為電話或拜訪顧客的頻率低，或者是提案內容，抑或是展示機使用等說明方式的問題。若能明確得知，執行業務過程便能隨之配合、改善，進而提升銷售實績。

再加上，因為應建構出的工作能力之目標與方向皆明確，便能促進學習。無論長短期，都會具體明示需要學習的內容。

這對在公司內部各部門的資訊交換，或優秀解決方案的橫向展開等都有所助益。這都是因為全公司共享了重要的邏輯概念與因果關係，也因此能更容易相互學習。

而該組織文化也整合了基恩斯的行動方針，亦即所有行動皆須具備明確的目的意識。大家在採取行動之前，必須深思行動與目的之間的因果關係。

為了更深度理解因果關係，員工需時常針對經歷的事，重複自問自答。例如，賣出高價商品時，就需不斷重複自問：「為什麼企業客戶願意以此價格購買這個商品？」、「為什麼該商品會為企業客戶帶來高效率或人員刪減？」等問題。這是指公司要求員工在釐清相關因素與成果間的因果關係之前，必須重複深思為什麼（Why），並再次驗證。

重複探討理由並引導出因果關係的過程，從以前就被豐田企業視為企業文化。事實上，豐田汽車與基恩斯兩者，在優良經營特徵上有不少相似之處。為了驗證因果關係，貫徹重視現場、現物、現實的三現主義，以及全體員工都需要時常持續思考如何「改善」都是兩家公司的共同點。

像這般的經營方式，不光是結果論，而是透過充分理解過程與結果之間的因果關係，因此建立出高度的學習組織（Learning Organization）。從結果來看，作為一提出解決方案的企業，每年確實培養出更加強大的組織能力（Organizational Capabilities）。在某個時刻擁有高度競爭力，同時在學習速度上勝出的企業，被競爭企業彎道超車的可能性相對較低。

第2章

提升客戶利益是基恩斯的創新來源

● High Value-Added Management at Keyence

1 客戶願意高價購買的理由
2 讓大小客戶都贏，公司就能永續發展
3 透過直接銷售才能充分理解和掌握客戶
4 提升企業客戶的經濟價值
5 以「時間加值」觀點，善用有限資源
6 如何提供超越客戶期待的諮詢顧問式服務？
7 深度了解眾多企業客戶的重要
8 以客戶為師，建立信任與期待
9 公司各部門如何目標一致？

前一章節，我概要說明了基恩斯高收益經營的邏輯，也已經強調了透過為企業客戶創造最大價值，能達成附加價值最大化。這是基恩斯打造突出業績與提供社會貢獻的來源。

本章節將更具體說明高附加價值經營的邏輯。此邏輯較為單純且明確，因此希望大家能充分理解。

但是，想在其他企業實踐這套理論非常有難度。因此，我會在第4章以後，具體分析基恩斯為了實現高附加價值經營所採行的：事業組合、組織架構及過程，以及業務或開發的組織框架。為了理解這些經營過程，說明其背景，也就是高附加價值經營邏輯就相當重要。

另外，基恩斯在海外的銷售大致占六〇%，但海外的經營方針或業務做法，基本上與日本國內相同。本書大多書寫日本情形，但基本上無論日本國內或國外在進行直接銷售的顧問業務方法或提供高附加價值商品上，都沒有任何差異。由此可知，從全球經營的角度來看，基恩斯維持一貫的經營方針，採取優良的管理方式。

1 客戶願意高價購買的理由

至今我已說明了比起營業利益，將銷貨毛利（≒附加價值總額）當成創新為社會帶來貢獻程度的判斷指標，較為恰當。

為了提高銷貨毛利，必須讓企業客戶支付較大的對價。如圖表2-1的公式所示，銷貨毛利（毛利）減去管銷費用會得到營業利益。也就是說，只要刪減由經費或人力費用組成的管銷費用，就能夠提高營業利益。另一方面，銷貨毛利是尚未刪減管銷費前的數字，因此即便減少人事費用等也不會有所改善。所以，提升銷貨毛利的關鍵在於使用材料製成商品的售價。

近三十年基恩斯的企業客戶對於銷貨毛利率超過八成的昂貴商品價格，依舊相當樂意買單。而且前一章節也說明了，此舉與奉行利益至上主義的惡性經營恰恰相反，基恩斯同時對顧客和社會皆做出巨大貢獻。

企業客戶會依據基恩斯對自己提供了多大協助來支付費用。顧客會認為直接受惠於導入基恩斯的商品，而因此增加了自家企業的利益（生產力及品質的提升、成本刪減等）。公司要提高售價，必須增加企業客戶的經濟價值（等同於提高利益，相關定義已於前一章節說明）。如此一來，即便商品價格昂貴也會被客戶視為性價比高的商品，而決定購買。

圖表 2-1 附加價值總額的最大化

附加價值總額≒銷貨毛利（毛利）
＝營業利益＋管銷費（人事費用＋研究開發費用＋其他經費）

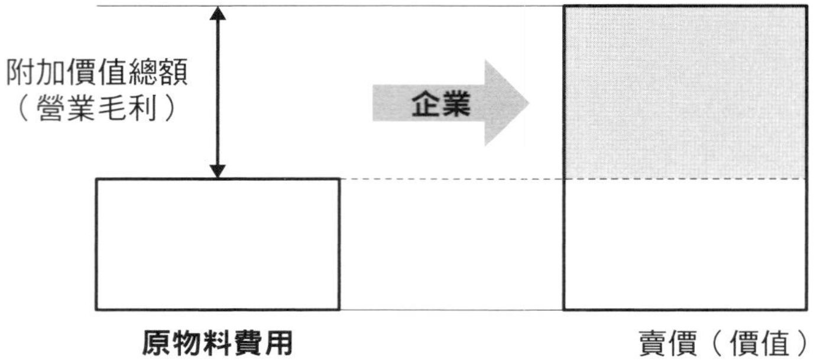

（出處）作者製作

由此看來，比起消費財（B2C）是根據顧客的價值觀或喜好來決定價值，支付高額購買的生產財（B2B）邏輯更為容易理解。

若是消費財，每個人因價值觀的不同，品牌效應因此天差地遠。例如，某位使用者花費了二十萬日圓、購買LV錢包的邏輯，很難合理說明。但以生產財來說，撇開獨占交易或投標等情況，企業客戶通常會根據性價比（投資報酬率）來支付費用，因此在一般狀況下，很難是不合理的交易。

2 讓大小客戶都贏，公司就能永續發展

基恩斯的所有活動，從公司策略到每日業務皆以提升企業客戶的經濟價值為目標。高層管理上想當然耳，就連商品開發或業務、行銷，公司的各個面向皆同步朝同方向走去。

自創業以來，基恩斯以提升企業客戶經濟價值為目標的行動結果，壓倒性的超越了競爭對手，也建立起實踐的能力。同時，他們貫徹目標的程度並非僅僅勝過競爭同業，大多數情況基恩斯更是有辦法提出超越客戶自身想到、能提升利益及生產力的優良提案。這也代表基恩斯具備相當出色的顧問能力。

對企業客戶而言，最高興的莫過於供應商提升了自家公司的利益，因此提升利益肯定居於生產財企業經營目標優先順序的最高位。但是，生產財企業中，能對此設定明確目標的情況不多。許多企業會強調自家商品具備優良功能，但在供給特定顧客使用之際，能具體說明可提升多少利益的公司卻少之又少。

從根本來看，無論是消費財或生產財企業，在商品開發或業務、行銷上，能提供最讓顧客開心的價值才舉足輕重。因此，理所當然所有公司都必須明確制定出相關目標。

即便如此，為何還是有許多生產財企業未能將增加企業客戶的利益訂為明確的目標呢？理

由其實相當簡單，就是因為很難做到。例如，若不先了解針對多家企業客戶，要做什麼才能達成多大程度的利益提升或成本刪減，便無法訂出商品開發或業務的具體目標。

基恩斯在過去幾十年間，累積了許多企業客戶在製造現場或開發製程上的知識及資訊。因此，能設定達成企業客戶利益最大化的目標，並確實付諸實行，這就是高附加價值經營的最大優勢。

企業客戶購買了功能或規格表現良好的機器設備或零件、系統等，這雖然與提升企業客戶利益多少有關，但無法直接對應。因此，相較於單純以性能取勝或籠統配合顧客需求的商品，明確能提升顧客利益目標的商品理所當然具有較高的真正價值（成本刪減及增加利益）。因此，基恩斯比多數生產財企業之所以能展現優勢，可說是早在設定目標時便決定了。

基恩斯的經營以附加價值最大化為目標，這麼做也同時創造了企業客戶的附加價值。如前章所說，雙方的附加價值會透過充沛的薪資或稅金，對社會繁榮做出貢獻。這也是創造龐大附加價值的創新企業所需要肩負的社會責任。

以企業客戶利益最大化為目標的方針，對基恩斯創業以來的經營哲學理念「讓公司永續發展」而言相當重要。尤其當自家與客戶相關業界整體遭遇不景氣之際，都可能面臨生存危機。倘若企業經營與宏觀經濟過於同步，損失會更加嚴重。例如，有機會成為客戶的企業因為不景氣而降低採購預算，公司將直接受到波及。

但是，因提升客戶利益而持續開發及銷售商品的基恩斯，卻正因不景氣而反倒獲得企業客戶的信任。我也聽聞幾間基恩斯的企業客戶提及，「正在我們陷入困境時，與基恩斯商量後，對方設身處地為我們想出刪減成本等的提案，真的幫了大忙」。

在銷售對象方面，基恩斯不只侷限於大企業，也擴及包含中小企業的所有公司，這也與經營方針相當一致。因為，企業無論規模大小都會對能提升自家公司利益的提案感到高興，且普遍來說，這更是中小企業深切追求的目標。此外，若做生意只仰賴特定大企業，不景氣時當對方刪減採購預算便會產生很大的影響。再加上，正是在不景氣之際，中小企業會更加殷切期盼找出能提升生產力的高性價比對策。

如第1章歷年業績表的說明所示，即便發生雷曼兄弟事件，基恩斯依舊得以維持四〇%的高營業利益率。事實上，這與其他以高利益為傲的生產財企業相比，基恩斯長時間維持了穩定且突出的業績表現。

3 透過直接銷售才能充分理解和掌握客戶

為了提出能提升企業客戶利益的提案，不僅業務人員，就連商品開發同事也必須充分理解客戶的現場狀況，並分別提供符合企業客戶各自的價值（解決方案）。因此，基恩斯的業務平時必須拜訪、觀察企業客戶，蒐集多種資訊並交換意見。正因如此，自創業以來基恩斯幾乎都採取自家業務團隊，實施直接販售。現在的海外市場也是徹底實施直接銷售。

直接銷售有兩個目的。

第一是希望提供直接、高度解決方案的業務（諮詢顧問業務）服務。為了在生產力提升、成本刪減、品質提高上，提出龐大經濟價值的客戶解決方案，基恩斯業務一邊在企業客戶的現場，觀察、學習對方如何執行工作，同時在提供商品時，也一併提出商品陳列在何處、使用效果如何提升、機器怎麼運用等資訊。

第二個目的是希望能獲取更多整體基恩斯能活用於企業客戶的相關知識與情報。這不單單只應用於業務活動而已，即便業務人員本身不需要，也可蒐集能運用在商品開發或經營方針檢討上的其他資訊。因為業務人員頻繁拜訪企業客戶現場，所以可利用這樣的機會，盡可能將取得的資訊運用於公司經營上。

之後會提及，由於基恩斯劃分出的九個事業部組織運作成效佳，業務團隊所積累的顧客相關知識得以迅速擴展至各事業部，無論是新商品企畫、開發或管理階層都可活用。正因如此，基恩斯才能強化事業部的創新能力。

許多生產財企業透過代理商或貿易公司處理業務活動。這是因為他們不大重視業務活動（尤其是提出解決方案與資訊蒐集），反而優先刪減業務團隊的固定費用或經費。

尤其在基恩斯創業之際，社會上廣為流傳「小本經營」、「外包」等概念。大家普遍認為製造業廠商致力於商品開發或製造，或者是生產財企業將銷售業務委託給代理商才是好的經營方式。在製造業，許多人主張與其增加業務團隊人數，或者在銷售業務、信貸管理上花費精力與時間，倒不如將資源分配在技術層面上才正確。

這其實也是日本企業的不足之處，多數企業誤以為採取上述「外包」的做法，又或是因應「開放創新」、「數位轉型」等潮流才是好的經營方式。但基恩斯不同，他們對自家企業抱持清晰的經營藍圖，徹底思考經營模式，不盲目追逐流行。

透過創新的技術或設計能產生功能提升的好商品及服務，但這麼做無法實現基恩斯希望提高企業客戶利益的目標。基恩斯整合商品與解決方案所獲得的加乘效果，所以能提出實現客戶高經濟價值的提案。為此，業務人員必須具備優秀的商品開發與諮詢顧問兩方面的能力，因而基恩斯得出必須直接販售的結論。

本書頻繁使用「解決方案」與「諮詢顧問」的用詞，但包含基恩斯在內的日本生產財企業一般不大直接使用這類字眼，他們傾向使用類似「解決企業客戶困擾」的說法。

不過，特別是基恩斯會直接設定出提高企業客戶生產力的目標，且提供具體實現的方法。因為，他們不僅只解決客戶的困擾，還提供解決方案並實質給予諮詢。所以，本書認為上述的描述方式不但沒有問題，反而非常恰當。

在企業客戶現場，當對方使用了功能極佳的感測器，卻得不到好效果時，有可能問題並非出於商品功能上。許多例子指出是在感測器機種的選擇、機器的安裝位置或測量設定方法、調整或操作的方法上，不大恰當所致。

若只販售特定商品的功能，將無法實現基恩斯最大化企業客戶利益的目標。若不能同時提案說明商品的功能與設定、使用方法，將無法為顧客創造最大的價值。

此外，許多企業客戶往往不了解，善用感測器或顯微鏡能提升生產力。例如，若能在商品開發過程的早期階段，就先使用顯微鏡確認測試品的不良位置，大多能縮短開發時間或減少後段製程的天數，卻鮮少企業運用這樣的方法。

如前述，基恩斯會在許多場景提供解決方案，提出能提升企業客戶經濟價值的提案。

即便採取直接銷售的商業模式，但假使沒有完全掌握企業客戶的製造現場或開發過程的話，也無法達到更高境界的經濟價值，更不用提有辦法著手新商品開發或營業活動了。

4 提升企業客戶的經濟價值

本書從開頭就不斷強調，基恩斯的經營方針是以提升企業客戶的經濟價值為最優先。接下來，我將概略說明為了實踐此目標，應有的具體思考與方針。

① 具體說明提案能改善多少經濟價值

一般生產財企業的思考模式是，只要販售能滿足多數顧客的商品即可，像符合企業客戶需求或解決他們困擾的商品等。但即便你解決了許多客戶的困擾，但事實上對方產生的經濟價值卻大相逕庭。因此，需要明確了解客戶的困擾，並努力追求價值的最大化。對企業客戶而言，能夠提升自家公司的利益是首要任務。而基恩斯最大的優勢正在於徹底將之付諸實現。

首先，具體、明確的提出企業客戶能夠在提升業務效率、生產力或品質上的改善幅度。

例如，一間企業客戶在檢驗時，需要針對各種複雜的零件進行各式各樣的規格測量。這時基恩斯便聚焦於能夠為對方提供多大程度的貢獻，並給予如下提案：「目前透過投影機進行的測量作業，一天需要兩個人、共花費五小時。若使用這款影像尺寸測量儀，只要一個人花兩小時就能完成。」並接著說明：「如此一來，每個月的成本支出還能從一百萬元降至三十萬元。」

若希望對企業客戶一併提出具體的經濟效果，就不能單單提出刪減多少人數或縮短多少時間等資訊，還必須加上藉此能達成多少成本刪減或利益提升等跟經濟價值有關的知識。

假設是減少人員或縮短工時的提案，只要掌握企業客戶作業員的大約時薪，就能得到刪減多少成本的金額，並能藉此提出具體的經濟價值。

另外，如果有一家企業客戶，希望使用能確實檢驗加工商品品質的感測器，減少產線停止的頻率與時間。在這種情況底下，如果沒有大致掌握企業客戶產線停止一小時會造成多大的損失，將無法提供具體的成本刪減方案。

如此一來，負責的業務人員透過深度了解企業客戶的業務內容、展現出高經濟價值，來簡單說明和提案對方即便高價購買的商品，還是能獲得極高的性價比。

②跟商品販售相比，更看重如何增加顧客利益

比起全體員工對顧客端販售商品，首先基恩斯更優先於以提升企業客戶利益為目標。因為即使企業客戶已購買了性價比不高的商品，卻反而對基恩斯商品失去信任不是更得不償失。

基於以提升客戶利益為最大目標，基恩斯不會直接應對企業客戶提出的具體需求。若只為了增加銷售，只要販售與顧客需求一致的商品即可，但這麼做卻無法達成希望提升更多利益的方案目標，因此必須討論如何提出超越客戶需求的提案。

假使顧客想要購買特定型號的感測器，這時基恩斯並非立即賣出該商品，而是請對方詳細分享使用商品的製程全貌，以及想達成的最終目標為何。比起想要什麼（需求），更該重視的是想達成什麼（目的）。如此一來，基恩斯大多時候為了達到目標，反倒能超越顧客的預期，提供有效的解決方案。例如，整合更加適切的感測器選擇、安裝地點及檢驗方法等，提供有效檢驗出不良品的方法提案。

此外，在基恩斯除了思考自己所負責的商品銷售之外，大多會一同思考、組合其他事業部商品，甚至是將其他公司的商品納入，這樣才能提供顧客獲得更大利益的解決方案。例如，只要在感測器上善加搭配高精度測量儀，就能夠提出提高品質、刪減成本的方法提案。

有時他們也會提出連同其他公司商品的方案，因為透過與其他公司的檢驗裝置搭配使用，

能產生更高效率的品質檢查。

如上所述，業務人員除了銷售負責的商品之外，更需時常探索提升企業客戶的生產力與利益的方法。透過不斷探討、摸索各種解決方案，業務人員也能夠學習且提升自己的能力。

這一點也是基恩斯能夠長年維持高收益的理由。在我們的調查中發現，企業客戶有這樣回饋：「跟基恩斯商量，他們總是認真地提供現場的改善方案，我們得到很多幫助。所以，若下一次又有問題，我們應該還是會與他們討論。」我們聽到這種發言的機會逐年增加，這也表示彼此的信賴關係更加深厚了。即便一直以來只重視營業額，依舊能夠銷售商品，但這樣做交易並不會長久。

無論是基恩斯的業務人員或商品開發人員，都必須有能夠提出方案的諮詢顧問能力。他們在販售商品、研發商品時，都必須以此為前提，最優先考量企業客戶的經濟價值。若僅僅基於對方提出的商品剛好符合自身需求，那麼商品就不會被開發，更不會被販售。基恩斯的優勢在於企業整體策略一致，每一個人都基於同樣的目標及判斷基準來行動。

③所有商品當天出貨、出租替代機器的服務

基恩斯自創業以來一直貫徹「所有商品當天出貨」的方針。所有型錄上的商品都有庫存，

主要存放在大阪的物流倉庫、物流中心，接到訂單當天就會出貨。這是認真考量顧客利益後所做出的結果。只要客戶一導入、使用基恩斯的商品，便希望能直接聯結對方的生產力提升、成本刪減。所以，企業客戶早一點開始導入商品，從那天起便可以享受高利益。

對於顧客而言，等待進貨的每一天都會造成機會成本損失，因此必須避免。實際上，許多企業在改善生產製程後，就會想要立刻著手量產。當日出貨也是為了滿足多數客戶急迫的需求，從經濟價值的觀點來看，做法相當合理。

同樣地，若是基恩斯的商品出現問題，造成企業客戶無法使用，他們會盡快出貨替代機器。因為，企業客戶的生產活動一旦停止，理所當然會造成損失，將導致利益降低。這時就必須將企業客戶工廠停工的時間縮到最短。稼動率的最大化會提升企業客戶的利益，因此最佳解法就是立刻提供替代機器。

即便基恩斯能夠在客戶現場修理機器，但功能立即恢復的不確定性太高。送回原廠修理的期間，企業客戶無法使用機器會造成龐大損失。例如，安裝在自動化生產線的感測器出了問題，修理期間就不得不停止生產。但如果當日就能送出替代機器，產線就能立即恢復。

如上述般只要重視企業客戶利益，當天出貨或立刻提供替代機器的思考方式，都合情合理，但實際上能做出同樣應對方式的生產財企業卻不多。這僅是其中一例，基恩斯建立起的良好制度，只要是真正考慮到顧客價值的公司都會認為是必做之事，然而多數情況要付諸實行卻不容易。

為什麼基恩斯能夠有效採行此套做法呢？最大的主因是，公司整體共享了企業客戶利益提升的目標和做法，再加上所有的業務工作皆貫徹了相同的經營方針。至於其他的企業，大多認為只要製造、物流、服務等各部門，各自高效執行專業領域的工作即可。假使每個部門無法確實共享顧客利益最大化的目標，那麼製造及服務部門就無法與整體目標對焦。例如，為了達到當天出貨或迅速提供替代機器而硬是增加商品庫存，都會造成各別部門的成本或經費增加。

身為生產財企業，當然會為了實現客戶利益提升的目標，有必要如同基恩斯般建立公司整體一貫的應對。基恩斯的物流人員就說：「有時我們也會遇到像航班延遲或自然災害等非比尋常的狀況，即便如此我們也會用盡一切方法運送商品。為了客戶，也會竭力遵守當日出貨，基恩斯就是這樣貫徹到底。相關部門會團結一致，以最快速度提供客戶商品，這就是懷抱熱情、朝著相同方向去執行。」

5 以「時間加值」觀點，善用有限資源

基恩斯之所以能將企業客戶的利益提升（提高附加價值）徹底當成公司的整體目標，是受益於整體員工皆浸泡於「善用社會有限資源，創造最大附加價值就是社會貢獻」的經營哲學。也就是說，在經營活動上，無論自家公司或企業客戶，所有企業正是因為最大限度的善用資源，便能對社會（以及企業）的繁榮有所貢獻；而此觀念已根深蒂固。有鑒於此基本觀念，基恩斯向企業客戶提案時，理所當然會以提升最大限度的附加價值為考量。

另外，在基恩斯公司內部也徹底實施，為了提升附加價值，有效運用資源。最具代表性的是，從過去數十年來持續至今的「時間加值」觀念。公司會依此決定每位員工工作一小時應產生的附加價值金額。

具體來說，將今年度的預計總利益除以全部員工的總工時，可以算出各員工因職責差異應分配的利益多寡。假設，A員工的時間加值為一小時三千元，B事業部負責人則訂為一小時九千元。A與B在運用時間之際，公司就會從性價比的觀點，要求創造出該時間加值以上的經濟效果。

在計畫組成新商品開發專案成員時，也會運用時間加值的數字概念。專案的負責人必須考

慮開發成本、慎選成員。如果找了優秀且時間加值高的人才加入，就必須獲得相對應的極大利益才行。

此外，為了概算所有參加者的費用，需要在會議計畫書上，寫下全體參加人員的交通費等經費，以及參加者的時間加值數字。如此一來就能夠評價會議內容是否具有超出經費的價值。

為了開會或報告工作所製作的書面文件資料上，皆有一個花費多少時間的欄位。若是會議紀錄或報告書，只要寫下單純製作的時間；不過如果是企畫書的話，則需要計算包含花在企畫上的時間。這樣一來，所有閱讀文件者皆能客觀評價此資料的性價比。

業務活動採用直接銷售制度是因為養業務團隊所需的經費，能夠創造出更大的附加價值，達到高性價比。基恩斯創造附加價值的來源就在於能透過提供解決方案，以達到企業客戶的利益提升。

相反地，自創業以來基恩斯的業務人員從未因配送、運輸或收款的問題，而拜訪過企業客戶。這是因為這種使用時間的方式不會產生更大的附加價值，性價比極低的緣故。基恩斯創業時，市面上還未出現像宅急便般便宜的宅配服務，但公司在綜合考慮性價比的結果之下，即便配送服務價格高昂還是決定外包。

關於前面提及的所有商品當日出貨一事，委託宅配業者還更容易執行。即便宅配費用高昂，但考慮到當日出貨，企業客戶就能夠早點享受到價值，這樣做所產生的性價比還更高。

如此一般，不僅在公司內部會徹底思考如何有效善用資源，在對企業客戶銷售商品之際，也會提出能讓顧客的性價比發揮最大化的方案。因為，基恩斯貫徹了經營哲學的思考方式，徹底滲透至每一位員工，所有員工將此視為每日的行動指南，有效發揮了作用。

6 如何提供超越客戶期待的諮詢顧問式服務？

基恩斯會善用商品及活用相關商品方法的高度知識，提供超越企業客戶完全無法想像程度的解決方案。

一般的顧客需求可分為顯在性與潛在性。基恩斯應對的可說是潛在性需求，但有時它提供的服務更是超乎於此。

也就是說，提供超越顧客需求的解決方案是諮詢顧問所肩負的職責。優秀的諮詢顧問會在客戶工廠裡詳查每一道製程操作後，從根本實施製程改革，引發生產力的大幅提升。但基恩斯不會說這麼做是符合客戶需求或找到客戶的潛在性需求，因為這是諮詢顧問所提供的解決方案。

其實要明確定義發現潛在性需求與提出解決方案的差別相當困難。例如，針對顧客已存在的問題，提供他們沒發現的解決方案是潛在性需求的應對；而向顧客指出對方完全沒注意到的問題並解決則屬於提供解決方案。從這個層面來說，基恩斯的終極目標是透過新商品開發與諮詢顧問業務，實現超越顧客需求和超越具體問題認知的解決方案。

要培養解決方案的能力，首先必須熟悉眾多企業客戶的現場狀況。例如，從以企業客戶想實現的目標為首，到目前現場的業務往來方式、人數或時間、成本的花費方式，以及於此所面臨的問題等。因此，基恩斯必需掌握現場的目標、製程或業務的整體流程，但若只憑聽取顧客的需求或困擾是不夠的。

尤其是製程或商品開發流程，不能只限於了解使用基恩斯商品的製程而已，也需要學習其前後的製程。想要成為與自家企業商品領域相關的優秀專家，必須廣泛學習，這也能增加你提出解決方案的切入點。除此之外，這麼做也能比企業客戶的特定領域窗口具備更廣泛的視野，因而產生能提出超越顧客需求，更可能提升客戶生產力的解決方案。

基恩斯的做法與一流的諮詢顧問相同，在提出經營改革提案時，會希望掌握整體業務狀況，而對企業客戶現況進行全方面的觀察與調查。因此，單單聽取現場人員的部分說明並不全面，需要透過全方面的觀察與調查，找出超越客戶已察覺且更為重要、切入核心的問題，並確實指明、解決。這與基恩斯不單單只是聽取困擾問題有異曲同工之妙。

有位基恩斯的員工說道「在基恩斯，大家普遍認為努力了解顧客（企業客戶）的業務目標，到製程或業務流程是理所當然。因為顧客就是老師，我們盡量不要錯過任何訊息」。這種想法已成為公司全部員工的常識。這是做出超出企業客戶期待且提升利益方案的必要條件。不論是製程，還是研發過程，基恩斯員工一邊學習所有流程，並同時找出關鍵的困難之處或能改善的領域。在製程方面，需要觀察生產技術、人員配置，作業方法到精通的程度，並且多方打聽「對方為什麼會採取此做法」的知識。

在企業客戶製程或商品技術的詳細內容中，若是出於機密或有對方不願禮貌教導的內容時，基恩斯員工回公司後會盡可能蒐集更多的資料與情報，更加縝密的調查、研究。在盡可能將自己的能力提升到與企業客戶窗口等同、且能交換意見的程度之前，必須持續理解現場技術或流程。

此段落是從業務的角度說明，但基恩斯之所以能做出價值創造是奠基於提升企業客戶利益的基礎之上，因此不僅業務、行銷，就連新商品開發和製造也都有同樣的目標。所以，所有員工也都共享公司的客戶資訊蒐集方針，其中也包含學習客戶工作流程的目的。此外，業務人員在企業客戶資訊學習上擔任重大角色，除了與對方接觸的機會較多之外，他們蒐集的知識皆會善用於整體事業部。

企業客戶在現場使用商品的相關知識，在業務部會活用於解決方案上；在商品開發部則被當成核心關鍵資訊，在商品企畫或概念發想上發揮作用。

除了業務人員，基恩斯的其他部門也會盡可能拜訪現場，這不僅是為了掌握顧客需求，也希望學習企業客戶的整體工作流程。舉例來說，負責商品開發者也會透過維護商品或介紹新商品等的機會，努力不懈的學習現場如何使用商品等的詳細過程。

如前述，各個部門分別向顧客學習的活動固然重要，但建立資訊共享並互相學習的組織文化也很重要。

例如，至少在事業部內，會將業務團隊每天從企業客戶資訊中蒐集到的重要內容，跟包含商品開發部的整體事業部（國內外）共享。之後會提及需求卡和促進銷售小組等機制，都是讓資訊共享的制度建立得更為扎實。

另外，為了經常能及時共享情報，組織內也會頻繁溝通。尤其針對新商品開發，客戶資訊共享制度相當重要，我將在第6章詳述。

其實多數資本財企業連企業客戶的顯在性需求（具體需求或困擾）都無法十足掌握。也因此，了解顧客需求的重要性總是備受關注。另一方面，如同先前說明，與其說基恩斯是問出顧客需求，倒不如說他們如同一流的經營顧問，回歸企業客戶的最終目的，且熟知所有製造現場及工作流程，以提供超出客戶想得到的方案為目標。

7 深度了解眾多企業客戶的重要

基恩斯格外突出之處，是他們徹底學習為數眾多企業客戶的現場工作或製程方式，而不只是幾間企業客戶而已。深入領域廣泛的企業客戶，蒐集並理解製程或工作流程的相關資訊，是極富難度且需要長時間投入的。基恩斯自創業以來長達數十年，以直接販售的商業模式為手段之一，持續獲取與企業客戶相關、「具備廣度與深度」的知識。近年在國外也採取相同的經營方式發展，基恩斯的企業客戶在全世界已超過三十萬家。即便其他企業想效仿，短期間想達到此境界是不可能的。

一般而言，大型生產財企業應該相當了解長年往來、特定企業客戶的業務推動方式。舉例來說，ＮＥＣ對NTT Docomo、日立對ＪＲ東日本，他們的確較為理解長久經營、銷售額大的顧客流程。但是，能深度領會多數企業客戶（以及，未來可能成為企業客戶）的公司卻極端稀少。

基恩斯深入了解眾多企業客戶的目的有兩點。①向大量企業客戶，提供猶如客製化般的高度顧客價值（大量客製化〔Mass customization〕），以及②透過學習建立諮詢顧問能力。

① 大量客製化——因應顧客的價值差異

一般公司在新商品開發上，為了創造龐大的附加價值，需要盡量讓更多企業客戶購入對自身具有較大經濟價值的商品。

即便某項優良商品能大幅提升特定企業客戶的經濟價值，但因為它是客製化商品，因此只能販售給特定的企業客戶，所以獲利金額會受限。相反地，符合多數企業客戶需求的通用型、平凡的商品，若各別客戶不支付較大對價的話，即便銷售再好一樣會限縮獲利金額。

因此，必須結合上述兩項優點，找出能夠讓更廣泛的企業客戶享受到更多價值的商品。如同先前提及，商品帶來的經濟價值對每間企業客戶來說截然不同，因此僅掌握幾間公司的顧客情報是非常不夠的。

若只需要反映表面需求的商品，僅根據公開資訊（顧客生產的商品種類或加工方法、生產量等）便可能開發出適用於多間企業客戶。但是，基恩斯提供的價值，會依據各企業客戶現場實際產生的經濟價值而定。所以，為了決定商品開發內容，必須詳細了解更多企業客戶的製程及工作流程。

讓我們重述，對各個企業客戶經濟價值產生差異的內容。以基恩斯的代表性商品——適用於自動化工廠的感測器為例。若導入新開發的感測器，正確檢測不良品的比率可以從八五%提高一〇%至九五%；即便商品能提升相同的功能，卻會因為不同的企業客戶而產生價值差異。在特定的工廠生產線上使用該感測器，每個月能夠減少多少成本，一定要走訪各個企業客戶的現場才會知道。

首先，感測器功能同樣能提升一〇%，但企業客戶、工廠端會有多少商品受惠將根據數量而定。每天的生產量是一百或一千個，感測器功能提升的貢獻程度就有天壤之別。

此外，使用性能提升的感測器，正確多檢驗出一個不良品時，能減少多少成本也是千差萬別。這是因為未能成功檢測不良品時，應對不同問題所付出的成本差異所致。

生產結束才發現不良品的情況，也有只需要簡單調整就能處理，又或者生產線需要停工半天，進行確認與調整的差別。另外，生產線停工半天時，依據客戶現場差異，損失費用有可能是五十萬或一百萬元，也是差別甚大。

導入新感測器時，若已能正確掌握檢測對象商品數量減少產生的成本金額，便能夠計算各企業能夠獲得的經濟價值。盡量聚焦在結果能產生高經濟價值的企業客戶上，在業務及商品開發上都以該企業為目標。

像這樣，為了向更多企業提供得以帶來經濟價值高的商品與解決方案，就必須廣泛掌握對企業客戶而言完全不同的眾多狀況。

如此一來，便能實現Pine（1992）所主張的專業用語「大量客製化」。這是能同時做到因應各家企業客戶內部狀況，以創造出巨大價值的「客製化」（量身訂做），和有利於增加營業額或刪減成本的「大量」生產（量產）。相關的專門說明，請參照下一章。

②透過學習建立諮詢顧問能力

只要能深度觀察眾多企業客戶的現場、聽取他們各式各樣的說明，便可高效學習。尤其從製造及開發流程相似的企業差異中多所學習，就能成為該領域的專家。之所以能提出連企業客戶窗口都沒想到的提案，就是從形形色色的製造現場、廣泛學習的成果。

即使是表現傑出的企業客戶，基本上也只知道自家公司的做法與知識技術而已。雖然出色的諮詢顧問也是如此，但他們面對客戶占優勢的源頭之一，是熟知且經歷過許多相似案例。

即便在製作相同零件的現場，也會依據企業客戶的不同，而在製作流程、費工提高品質或生產力、遇到的問題和解決方法上，各有林林總總的做法。基恩斯的業務人員透過拜訪幾百間企業客戶現場，詳細傾聽、徹底掌握相關細節。

其中也有不少面臨相仿問題的企業。業務看了許多案例，就能從各種角度考察問題本質與發生原因。而根據企業的不同，解決問題的搭配方式也是相當多樣；基恩斯也可藉此多所學習，企業客戶一直以來採取提升生產力的改善方案和問題解決方法。

日日累積這樣學習的結果是，基恩斯的業務負責人員在特定領域的製程問題解決上，比單獨一家企業客戶，擁有更豐富的知識。同時，他們因為熟知感應器等自家商品的運用方法，本來就理所當然具備了相當專業的知識。基恩斯結合了多樣企業客戶的知識與對自家商品純熟的活用方法，因此改善現場的解決方案能力比企業客戶高。

經過數年的經驗積累就會產生顯著的學習效果。有位基恩斯的業務人員曾如下描述，而其他許多進行訪談的業務也都有類似的發言，「因為在各種現場學習，所以進公司兩三年，只要是負責領域裡的特定業種或製程，我們就能對許多企業客戶窗口，提出活用我們公司商品的製程改善或解決方案。若對方因此感到開心，我們也會想要繼續學習」。

具體來說，例如能提出「其他企業客戶也遇到這種問題，我們這樣用這種型號的感測器，品質有提升喔」的提案，也是因為基恩斯知道許多其他公司的案例，才能夠提出。對企業客戶來說，這種能夠展現具體實績的提案還多了說服力與真實性。

前面曾提及，基恩斯不只服務特定的大企業，也包含中小企業，負責地區中為數眾多的企業都是銷售對象。這對業務新人來說，有兩項好處。第一，是我曾提及的，有許多在各種業界學習製程的機會。第二，在龐大的企業客戶群當中，也有不少企業不具備商品相關專業知識，因此只要能夠因應生產流程課題，提出有效商品運用及使用方法，大多能令客戶滿意。

基恩斯不只大企業，也針對許多中小企業進行業務活動，這對於一家提供解決方案的企業來說，也能夠在能力培養上有所貢獻。

8 以客戶為師，建立信任與期待

如同前述，基恩斯具優勢的基礎在於，他們實際進入許多企業客戶的製造現場，熟知開發業務或製程所需的人力、時程安排和痛點；但其實要將此付諸實行並非易事。因為不是只採取直接販售，公司就能自然而然的獲得資訊。員工也需要具備高度的提問能力與知識技術。

基恩斯能徹底實施的必要條件非常單純，就是建立起客戶對他們的期望和信任，讓客戶相信只要跟基恩斯的業務人員商量，就能獲得多種厲害的解決方案。這像「先有雞還是先有蛋」一的討論，不過向各式各樣的企業客戶學習製程或開發流程，便能打造出提出出色解決方案的能力。若能提出卓越的方案，企業客戶便會更加願意與基恩斯有各式各樣的商量，或者更具體提出問題點。只要向企業客戶提出優秀方案，基恩斯便可從中學習到更多，這便把握了形成良性循環的鑰匙。

業務的提案能力愈是備受信賴，在一般情況下客戶不會對販售業者說出口的資訊，也會開口商量。例如，在企業客戶端發生不良品狀況的相關細節，以及由此衍生的大致損失金額等。這對以提升企業客戶效益為目標的基恩斯創新理念而言，是不可或缺的資訊。而且重點是，這並非基恩斯強迫對方打聽出來的，而是企業客戶因為想得到更好的提案或建議，自己詳細、具體主動說出來的。

基恩斯的業務新人之所以較早期就能獲得企業客戶的信任，主要有兩點原因。在此先簡要說明，之後會在（第4和第5章）詳細闡述具體做法。

首先，為了獲取客戶信任，業務人員的出發點是完善地學習自家商品的技術、規格及應用。如此一來，無論企業客戶對基恩斯的商品提出什麼問題，都能讓對方留下基恩斯業務具備豐富商品知識，且都會仔細、認真回答問題的印象。簡單的問題當場、立刻解決。從結果論來看，隨著基恩斯業務人員接受形形色色的商量或提問，只要更完美地回答，便能持續與客戶建立信任關係。

第二是事業部裡，協助業務的組織與制度相當完善。最具象徵性的是各事業部裡的「促進銷售小組」。此點於後面詳述，此單位會提供許許多多的業務協助工具。例如，具成效的型錄編製、工具展示，或是其他公司活用商品的案例（經典案例集）等，這些都能強力協助業務活動。此外，促進銷售小組也完善準備了製程手冊，讓業務能有效學習典型企業客戶的製程內容。

再者，在各銷售辦事處內，每天都有豐富的機會可以接受跟解決方案或企業客戶資訊等有關的教育訓練，或者獲得相關的回饋建議。最具代表性的是，在跑業務前後都可獲得一份仔細寫下具體建議的「外出報告書」。與字面名稱不同，這其實是一項高度專業的教練制度。

9 公司各部門如何目標一致？

至今我們以業務人員視角為中心，說明了基恩斯的經營核心——「透過提升企業客戶的獲利，創造巨大附加價值的邏輯」。此處的關鍵是，公司全體員工共享應以創新為目標的觀點。

由於經營目標單純且簡單明瞭，且大家也相當明確地認知到重要性，因此才容易在員工間共享。然而，即便創造高附加價值的邏輯非常清晰，但要實踐卻極度困難，這是問題所在。員工除了需要長年持續多方面學習之外，面對目標也不容許任何妥協。因此，大家面對困難的目標時，必須持續保持高昂的動機。

雖然執行基恩斯高附加價值經營的相關方針很困難，但其成功邏輯（因果關係），也就是為了實現成果所應該做的事，倒是相當明確且適切。所以，只要組織整體朝著目標、團結合作，互相切磋琢磨，就會帶來成果。事實上，由於自創業以來，公司為了保持業績持續成長，希望將整體組織改造得更為活絡，所有員工因此能維持高動機。

此外，基恩斯長久以來為了達成目標，建立起組織管理和人才培育的制度，且不斷深化。員工也因為這項制度，提升了以創造客戶價值為目標的達成率，也增加了成功的機會。隨著成功經驗的不斷累積，大家每日都能實際感受到滿足感與成長性，這連帶激起員工有更強的動力。

目標達成率也會具體顯現在數字上，而達標的基準大約落在毛利率占營業額的八成左右的數字上，這同時也是對企業客戶和對社會貢獻程度的標準。

此外，全體員工努力朝著目標前進，公司就會依據達標程度，對大家發放一定比例的績效獎金，整體組織的關係也因此更加深化。

上述明確的經營方針、完善的制度、成功經驗和薪酬制度等，都共同支持公司發展出卓越的高附加價值經營。

其中，在重視組織團隊上，全體合力面對高目標所採取的企業文化至關重要。多數的業務或開發人員都是善於創造顧客價值與創新的優秀人才，但沒有員工只考慮個人業績。即便在有意晉升的非凡人才當中，也幾乎不見自己私藏好想法或好情報的狀況。

例如，在銷售辦事處內部可見大家持續互相學習，並共享有利於提供解決方案的資訊。雖然銷售辦事處是以各事業部的組織為中心，然而在商品的專業知識或企業客戶的業務內容等方面，有許多共通的內容，意見交流或討論也相當熱絡。「我向那間客戶的生產線，提了這樣的提案，品質提高了，對方也非常高興」，這是在資訊交換時常聽到的對話內容。這時就會有人提及，類似「那我也想試著這樣向自己的客戶提案」，如此一來每一個人都會受惠。

正因基恩斯是高度專業的團體，遇到嶄新又有用的發想或想法時，大家應該都會想要說出口、互相激盪吧！而個人追求高目標的意願，也確實成為互相學習的動力。

第3章

生產財的創新理論

● High Value-Added Management at Keyence

1 顧客價值分為：功能性價值與意義性價值
2 生產財企業的意義性價值，在於提出解決方案
3 靠兩大優勢，提出解決方案
4 由市場導向轉至顧客導向——大量客製化
5 從經濟性與潛在性，掌握顧客價值最大化
6 以SEDA模型，思考生產財下的藝術思考
7 小結

上一章我以基恩斯為例，指出生產財企業實現大幅創新的條件。接下來，我從經營理論的觀點，以書寫教科書的方式簡單統整生產財創新的內容。而此處提出的成功邏輯幾乎全都是基恩斯實際採取過的有效行動。

本章節是理論解說，只對基恩斯案例有興趣的讀者，跳過也不會有什麼大問題。

1 顧客價值分為：功能性價值與意義性價值

無論是消費財或生產財，近年來創新領域的最大變化，是顧客最新追求的價值內容由物品轉變為事件，變得更加複雜。從前重視技術機能的有無或高低等，是能明確展示在型錄上的形式知識價值，與顧客價值聯結就能為企業帶來競爭優勢。

如前所述，所謂的創新是指建立新的顧客價值，而其中一個方向是做出讓人感到「即便價格昂貴，也想要購買」的商品。現今若只單純仰賴功能性價值，難以實現體驗型創新。無法以技術規格顯示的使用價值或經驗價值（User Experience, UX），對此貢獻極大。

消費財是透過易用性（usability）、設計或品牌等來打造價值；而生產財則超越了單純的

圖表 3-1 創新意義性價值的重要性

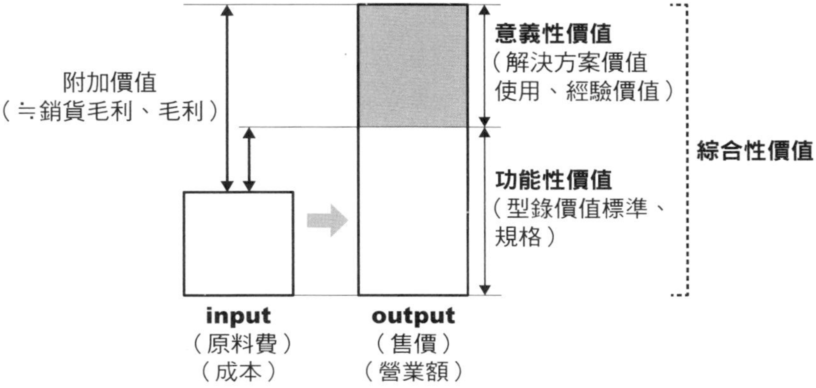

（出處）作者製作

商品規格，以提供解決方案或諮詢顧問的服務，創造出對各別顧客而言的特殊意義（價值）。相較於客觀呈現的「功能性價值」，「意義性價值」則被定義為由顧客主觀所賦予（延岡，2011）。被大眾默認、無法以規格或數字表現的顧客價值重要性開始逐漸提升。

本書將評價創新的基準聚焦在，基恩斯主張的「附加價值」（銷貨毛利或毛利）上。附加價值的最大化，如圖表3-1所示，除了功能性價值之外，再加上意義性價值所得的綜合性價值，才能掌握關鍵。

在消費財部分的討論，根據資訊調查公司IDC表示，iPhone在安卓機種Android推出之後，將近十年以高於競爭機種平均三倍的價格搶市，但蘋果（Apple）用戶依舊非常開心地買單。從頭到尾比較兩者型錄上的規格，也找不到蘋果的優勢。在功能及規格上找不出什麼大差異，用戶便以各式各樣的理由，賦予感性和情緒上的價值意義。

對商品貢獻較大的並非功能性價值，而是意義性價值，例如設計、品質感受和好不好用等。事實上，這種在意義性價值上賦予差異化的主要原因讓品牌昇華，現在基於品牌或周遭所有人都使用的理由而購買蘋果手機的情況很常見。

與傳統日本製吸塵器相比，即使價格明顯高出許多，卻依舊受歡迎的戴森（Dyson）；或者是熱銷高價烤麵包機與電風扇的百慕達（BALMUDA）。這些品牌的成功，同樣都是意義性價值的貢獻較高。

此處需要留意的是，我完全沒有「意義性價值重要，而功能性價值不重要」之意。大家必須思考的是，如何融合兩者，將綜合性價值最大化。

因此，假設因技術創新而僅僅提升了功能性價值，但還是打造出讓消費者願意高價購買的價值的話，也是好事一樁。這時也沒必要勉強一定要追加意義性價值。

但近年來，若商品只主打功能性價值，會出現兩個明顯的問題。第一，光憑型錄規格的差異，不容易產生讓消費者願意購入比競品高出兩到三成以上的價值。第二，由於競爭愈加激烈，即使仰賴功能性價值占上優勢且成功讓市場買單的商品，不到一年卻被模仿的案例可說是層出不窮。

本書雖以生產財為中心，但討論到意義性價值的重要性時，大家應該多半會聯想到蘋果或戴森這種消費財吧。以消費財來說，誰都容易理解超越功能，包含設計、品牌層面的感性價值或情緒性價值能為商品價格帶來巨大改變。顧客的主觀喜好或價值基準尤其重要，光靠客觀的規格或數字大多無法決定價值。

但是，近年來意義性價值受到重視的生產財例子也屢見不鮮。若只仰賴功能性價值，不僅顧客價值受限，還會立即陷入低價競爭。基恩斯的高附加價值經營，正象徵著意義性價值（準確地說，是包含功能性價值的綜合性價值）在生產財中的重要性。

2 生產財企業的意義性價值，在於提出解決方案

① 解決方案價值與性價比

一言以蔽之，生產財的意義性價值是指，提供促成企業客戶經營改善的「解決方案價值」。為企業客戶各別賦予意義的價值，超出已購買的商品規格，具體是指對企業客戶來說的

經濟價值。例如，不僅單純使用商品，還能夠降低公司成本等。

準確地說，能夠帶來經濟價值的做法是，結合意義性價值與功能性價值的綜合性價值。因此，實際上如圖表3-1所示，與其對照功能性價值與意義性價值，比較功能性價值與綜合性價值（功能性價值＋意義性價值）更加重要。

即便是功能性價值完全相同的商品（零件或業務系統等），不同的企業客戶使用，實際也會產生截然不同的經濟價值。就算是同樣的功能性價值，客戶能享受到的意義性價值（解決方案價值）卻是千差萬別，這一點在生產財上會更加明顯。

不難理解，消費財的意義性價值是由使用者的興趣、情緒或感性主觀所認定的。我曾聽聞有人表示無法想像生產財的意義性價值。不過，在生產財上也會發生企業客戶以固有的方式使用商品，而導致不同的生產財企業享受截然不同的價值，這也是理所當然。

舉一個非常單純的案例說明，假設某間廠商比較了至今使用的製造設備，想導入能將一個零件的加工成本降低一百或五十元的新型設備。那麼透過這個設備，企業客戶在一天當中，究竟能夠獲得多少經濟價值呢？這個數字會單純基於不同企業客戶一天的生產量而不同。生產量若是一千，就能減少五萬元，若生產一萬個就能夠降低五十萬元的成本支出。

事實上，企業客戶運用商品的方式百百種，導致經濟價值差異的關鍵理由也相當複雜。

以生產財來說，大多都是由商品開發部門負責從技術層面創造並提升功能性價值；業務及服務部門在企業客戶的製造現場，提出解決方案（意義性價值）。但是，在包含基恩斯在內的卓越生產財企業底下，商品開發人員也會以真正的顧客價值，也就是提升企業客戶的經濟價值為目標。這與單純負責技術開發的研究單位不同，想當然耳負責設計開發出顧客價值的是商品開發部門的職責，但多數企業做不到這點。

若能提出企業客戶自身未能察覺且可獲得高經濟價值的提案，他們會開心地支付高昂費用，圖表3-2正可說明此一觀點。企業客戶面對能巨幅提升效益的提案（經濟價值：最右側柱狀），會因此而願意支付較高額的買價。

假設沒有某種特定商品與解決方案，就無法增加一百萬元利益（例如，成本降低），企業客戶即便需要支付五十萬元，應該也會開心地導入吧！

生產財企業為了向企業客戶提出大幅度的效益增加方案，需要如圖表3-2右方柱狀所示，不僅具體呈現功能性價值（型錄規格），也要明白表達商品針對各別顧客所產生的不同意義性價值（解決方案價值）。即使只向企業客戶說明了商品的功能性價值，他們大多不知道與自家公司的成本刪減有什麼關聯。

因此，為了大幅增加效益，提案內容需要一併列入：適當商品選項、商品安裝地點、使用

圖表 3-2 生產財企業提出的顧客價值

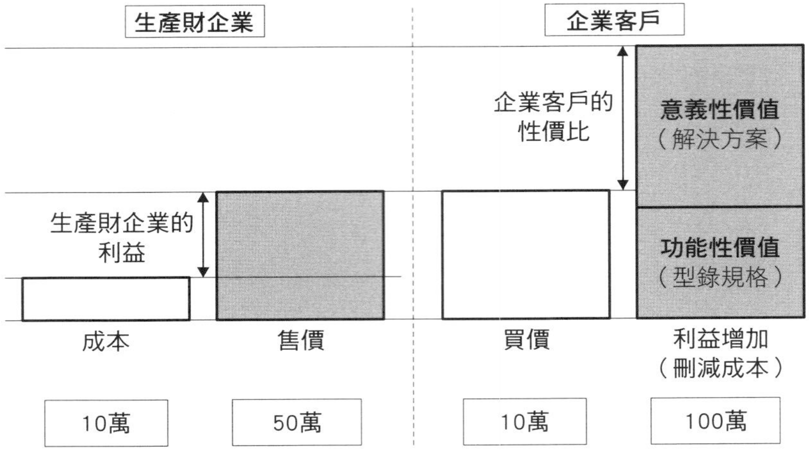

（出處）作者製作

方法，甚至是人員的配置及使用目的和時機。以下是包含使用方法和經濟效益的提案例子：「把弊公司的感應器安裝在此，這樣使用的話，就能夠減少X%的不良品，月成本會降低Y%呢！」

本書的主角是基恩斯，所以關於企業客戶的生產力提升或成本降低的案例較多。另一方面，不僅僅降低成本，讓企業客戶的商品（主要是消費財）有機會提高售價銷售，並促進獲利提升的提案也相當重要。這時的提案內容就必須包含企業客戶及其顧客（最終消費者）。

企業客戶必須向他們的消費者，提出能夠創造出龐大價值的提案，例如：「這樣使用我們的小型及輕量零件（電池等），就會變成一台過去前所未有、具創新概念的運動相機，即便是兩倍的價格，貴公司的使用者也會樂意購買呢！」「將我們獨家研發的纖維用在這種毛衣設計上，即便超出三萬元售價，也會賣翻天喔！」

隨著獲利增加，企業客戶便能決定買價，而生產財企業端則能決定售價，收益也會因此提高。以圖表3-2的案例來說，若售價五十萬，成本十萬來估算，有四十萬的獲利。如果將成本限定為原料費用來思考，就是基恩斯過往達到的——平均八成的銷貨毛利率。

也就是說，生產財企業為了提高收益，必須將商品開發和業務的目標都設定為提升企業客戶的收益金額。從圖表3-2來看，就是右方的一百萬元。遺憾的是，目前在生產財企業當中，能將提升客戶收益具體設為目標的企業相當少見。

②向企業客戶提出增加收益（經濟價值）的提案，為什麼困難？

多數企業未能將企業客戶的經濟價值設為明確目標，或者是即便訂了目標也無法達成，可能有下列三個原因。

第一是欠缺企業客戶的情報與知識。要開發出能夠提高企業客戶經濟價值的商品，就需要了解企業客戶的事業內容、製程或商品開發流程等工作相關知識，更甚者也需要掌握對方面臨了什麼具體問題點和其帶來的損失金額、成本、收益結構等情報。

最為困難的是，不能只參考幾間公司而已，若沒有更多跟企業有關的情報與知識，就無法用於設定目標。事實上，在蒐集制度上建立起除了自家公司的現有客戶資訊之外，也累積、儲備許多潛力客戶資訊的公司很少。

第二是缺乏能夠提出解決方案的業務能力。一直以來，日本企業都重視商品的功能性價值，所以在企業客戶現場，沒有培養足夠能提供解決方案的人才。相反地，多數企業甚至將業務工作託付給代理商。

現在有不少的企業開始認知到意義性價值的重要性，著手將工作從代理商切換為直接銷售，或是為了強化並擴大業務團隊，而增加業務人員。不過，業務的解決方案能力，並非一朝一夕就能提升，所以無法立即見效。因此，就短期來看，為了強化業務能力所做的投資，大多反而會造成業績惡化。

業務需要具備能夠聯結企業客戶獲利提升的諮詢顧問能力，要求的能力具高度專業，因此公司需要建立長期培養的制度。

強大的解決方案業務團隊也需要蒐集企業客戶的情報。對企業客戶而言，若沒有相互讓利（give and take），就不會提供對生產財企業重要的經營情報。也就是說，只有商量過後，能夠獲得厲害的提案或建議的情況，企業客戶才會願意提供製造或開發流程、生產成本、前置時間（lead time）、問題發生頻率及損失金額等重要資訊。

第三則是缺少與多數企業客戶經營改善直接相關的商品開發能力，也可稱為商品企畫能力。商品開發的目標也必須奠基在，由功能性價值與意義性價值組合而成的綜合性價值之上。也就是說，商品開發人員必需具備，能夠向企業客戶提出解決方案的能力。

就商品開發人員來說，有辦法熟悉多間潛在客戶企業現場，又具備能提升企業客戶獲利方案的提案人才不多。一般會認為，即便是一流的技術人員，只要能夠開發出適合顧客需求、具備方便使用的新功能，像這樣的好商品就足夠了。因此，現在需要建立能持續培養擅長技術與經營（提升企業客戶的經濟價值）兩者的技術人才機制。

此外，除了商品開發之外，也需要策略性的培養、活用擅長商品企畫的優秀專業人才。基恩斯有一項制度，就是選拔行銷及商品開發兩方面都有極高素質的人才，並培養為「商品企畫」人員。

3 靠兩大優勢，提出解決方案

各位或許會認為，要提出凌駕企業客戶在內部商討，有關生產力提升或成本降低的方案難上加難。但事實上，生產財企業在企業客戶端是具有優勢的。接下來，我將分成「專業優勢」及「顧客的範疇經濟」兩方面，來說明優勢的原因。若大家能善加利用，便有可能提升對客戶的提案能力。

① 專業優勢

就某層面來看，相較於企業客戶，生產財企業自然對自家商品及技術具備更多的專業知識。例如，專門生產特定零件的企業，長年不斷累積了自家公司生產及販售的零件技術。相反地，若是一間大型企業，他們並非專門處理某種特定零件，只是把它當成多樣採購零件中的一項罷了。這也代表在一般情況下，比起企業客戶，生產財企業對於該項零件的商品及技術知識占優勢。

不過，光是這樣，依舊無法向企業客戶提出增加獲利的提案。要成為優秀的生產財企業，就必須在企業客戶的事業上發揮專業能力，並且具備能夠提高生產力及品質等經濟價值的提案能力。

許多成功的生產財企業，靠著將自家公司的高度專業知識，應用於企業客戶事業的能力，建立起比企業客戶高的地位。迪思科（DISCO）曾是我的研究對象，它持續在半導體加工設備領域，創下驚人業績（二〇二二年三月份的營業利益率是三六％）。台積電（ＴＳＭＣ）及英特爾（Intel）在切割矽晶圓的加工上，表示「因為切割條件相當複雜，所以我們全都委託在該領域擁有高度專業的迪思科處理」，相當信任與依賴迪斯科（新津、延岡，2012）。即便是小型的日本企業，依舊可在特定的商業交易上，成為位居世界首屈一指的企業之上。

迪思科長年以來致力於培養，將自家專業應用於企業客戶解決方案的提案能力。例如，企業客戶對用在自家商品的矽晶圓進行切割測試，並完善地建立起共同檢討出最適當切割加工方式的組織架構。迪思科在世界各地成立了「應用技術實驗室」，不斷與企業客戶磨合，提出最適合的解決方案。

但是，這個案例帶來的重要啟示是，英特爾除了專業性之外，覺得可以委託給迪思科還有其他考量。理由之一是，切割矽晶圓並不屬於半導體技術最先進的核心製程。不過只要是微細化相關的最先進技術，即便要從外界調配零件，英特爾也會在內部認真地探討相關技術。

有時基恩斯也會因此受惠。例如，豐田汽車也是基恩斯的重要企業客戶之一，即便要向外部企業購買引擎零件或汽車導航技術，在豐田汽車內部也會進行許多研究、探討。但假若是製程中需要的感應器，因為這並非是左右最終消費者判斷汽車價值的核心技術，金額也不太大，或許委託如基恩斯般的外部業者處理就沒問題。

為了獲得這種地位，所有的生產財企業皆必須探討，要針對哪種企業、在何種領域、做出什麼足以提高存在價值的極大貢獻。善用此觀點，包括提出解決方案，生產財企業因此必須建立起企業客戶會期待的信賴關係。

②顧客的範疇經濟

生產財企業針對企業客戶建立優勢地位的源頭之一，是往來交易的客戶眾多，這稱為顧客的範疇經濟（延岡，1997）。

根據此優勢，比起企業客戶自己開發、製造商品，生產財企業提供的商品具有兩項優勢，分別是：①範籌經濟（Economics of Scope）和規模經濟（Economics of Scale）的經濟性（低成本）；②整合從眾多企業客戶身上學習到的知識，建立價值創造力的優勢。以下分別說明。

首先，能夠實現低成本的最大理由之一是大量生產效果（effect of mass production）。企業客戶若在自家公司開發及製造，就無法期待能產生太大的大量生產效果。而生產財企業透過販賣眾多企業客戶共同使用的商品，發揮大量生產效果，就能降低成本。這就是生產財企業存在社會的意義。

在此必須留意的是，即便由生產財企業負責生產，但若是因應特定客戶需求所開發、製造的客製化商品，則無法充分發揮量產效果。

其次是，透過與許多客戶交易，生產財企業就能夠學習更多提升商品或技術相關的知識。憑藉著聽取各式各樣企業客戶的需求，實際交換意見或共同解決問題來做生意，從企業客戶身上學習到很多。特別是優良的生產財企業，也相當擅長從往來客戶身上有效學習。

具體來說，就是他們能夠學到林林總總企業客戶的商品、生產技術、生產管理及商品開發等的管理知識；也能夠從這些企業中，了解到許多有效解決各種疑難雜症的事例。甚至，在累積許多認真往來的經驗值中，提升了解決方案提案的能力。另一方面，企業客戶窗口基本上只熟悉自家公司的技術或管理。因此，相較於各別的企業客戶窗口，優秀的生產財企業人員對相同的製造或商品開發流程，能夠具備高度問題解決能力。

如截至目前的說明可知，生產財企業活用專業優勢和顧客範籌經濟，就有潛力能夠提供企業客戶自身無法做到的低成本、高價值的商品與解決方案。

一般而言，生產財企業與企業客戶之間的權力關係定位，大多像松下（Panasonic）或豐田汽車的大企業客戶，專注在單一零件的小型生產財企業之間的關係。許多人會傾向以為，這種小型的生產財企業在大企業客戶面前，想當然耳沒辦法展現優勢。但是，各位應該理解的是，只要好好經營，即便是再小的、具有高度專業的企業，也有可能位居企業客戶之上。

雖然這並非易事，但只要善加利用上述優勢，照理說就可從高位觀點，提供企業客戶提案，而基恩斯正擅長運用這些優勢。

4 由市場導向轉至顧客導向——大量客製化

① 顧客導向的必要性

思考新事業、新商品的開發或行銷，有兩種觀點，分別是：「市場導向」（market oriented）和「顧客導向」（customer oriented）。相關文字說明有多種意義，不過本書將市場導向定義為以市場分析為主的宏觀視角；而顧客導向則是針對各別客戶著手的微觀角度。

近年由顧客賦予意義的意義性價值，特別是生產財中的解決方案價值變得更加重要，因此大家開始追求顧客導向，而非市場導向。

一直以來，主流的經營觀點是市場導向。數十年前，歐美的經營學和行銷學引進日本，其中市場導向以市場規模、成長幅度、競爭環境等分析為主，比瞄準各別顧客受到更多認可。因此，商品組合管理分析（Product Portfolio Management, PPM）、五力分析（Porter Five Forces）或ＳＷＯＴ分析等，以產業組織理論為基礎的市場分析工具普及化了。不過，現在大家認為有必要重新檢討市場導向觀點。

事實上，從前大多數人較能認同的是，以市場魅力為中心的市場導向觀點。因此，企業客戶在實際運用後產生的意義性價值，尚未受到太多重視。但是近年來，要透過市場導向這種方式創造出真正的顧客價值或要維持其獨特性，都變得相當困難。

市場導向雖然也會考量競爭環境，但基本上還是針對目標商品領域的市場規模及成長幅度，進行調查與分析，並盡可能瞄準看似已大幅急速成長的市場，進行市場區隔。決定目標市場區隔之後，接著就會開始研討，自家公司能從中得到的市場份額。

近年來，市場導向觀點有兩個問題浮上檯面。

第一，由於此觀點以市場整體分析為主，所以很難創造企業客戶現場所需的具體解決方案價值。以現今的狀況來說，若不進入企業客戶內部，提出適合各別客戶業務流程的問題解決方案，便難以打造大幅創新。

第二，市場導向觀點易傾向以大幅急速成長的巨大市場為目標，所以也容易被捲入嚴峻的競爭。尤其許多企業在預測市場時，多會參考有影響力的智庫市售資料，因此這些企業很有機會同時進入前景看好的市場。雖然也有產業類別的差異性，但在一九九〇年中期之後，容易引起過度競爭，而此問題也對創新造成致命影響。

至一九八〇年代為止，日本企業在國際上相當具有競爭力，所以即便多間企業同時進入急遽擴大的市場，幾乎所有日本企業都獲得了成功經驗，像是棕色管電視、家用錄影系統（VHS）錄影機等，許多知名家電企業大廠都獲利甚豐。另一方面，在那之後的DVD播放器、大型液晶電視或通用半導體，因國際過度競爭，日本企業沒能提高獲利。

②目標並非市場，而是更多的顧客

就顧客導向觀點而言，首先必須打入特定企業客戶，並從實際的業務流程中，探討以經濟價值為主的相關提案。對企業客戶而言，即便價格昂貴，只要經濟價值夠高，就會願意購買，並藉此創造更大的創新成果。

但是，若只配合特定一間或多間公司來專門設計商品，並只將商品販售給這些企業，那麼將無法帶來大型的創新成果。若有可能替特定的企業客戶，創造出大型價值的話，就必須再橫

圖表 3-3 大量客製化的定義

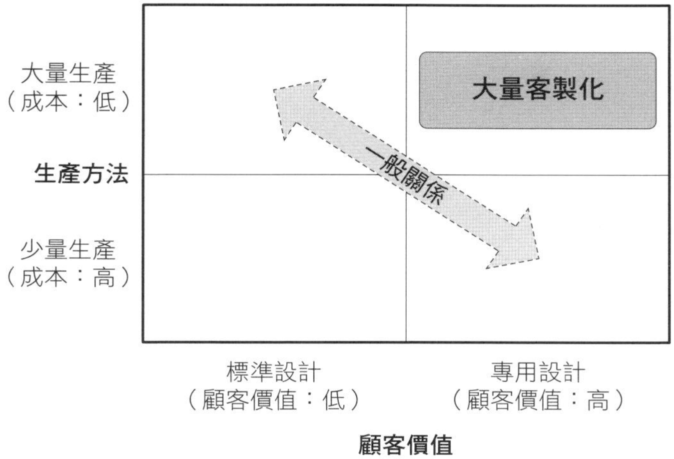

（出處）作者製作

向展開到其他的顧客及產業。

如此一來，便能實現前一章節所提的大量客製化，該定義透過圖表3-3呈現。橫軸是標準設計、專用設計（客製化），而縱軸為大量生產、少量生產。以一般的關係法則來看，標準設計對於各別顧客的價值較低，但透過大量生產就能降低成本。另一方面，採用專用設計的顧客價值高，但由於有各自不同的設計，少量生產就會形成高成本。

大量客製化，不僅能夠實現猶如針對各別顧客進行專用設計（客製化）般的高顧客價值，又能將相同設計賣給許多顧客，藉此達到大量生產以降低成本。大量生產專用設計商品是組合各自優點的策略。

接著，用圖表3-4說明為了達到大量客

圖表 3-4 實現大量客製化的目標管理

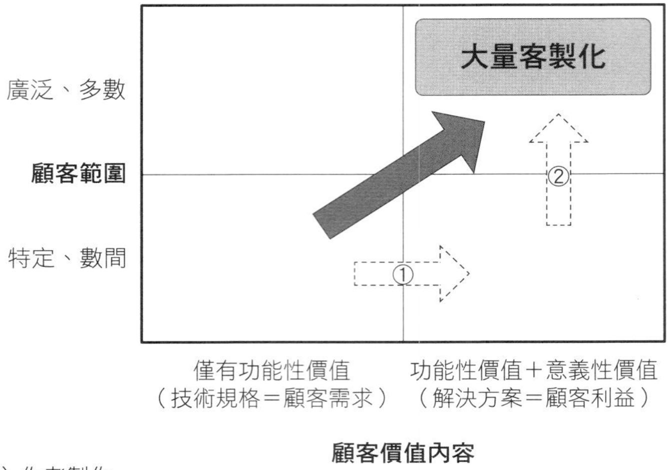

（出處）作者製作

製化目標的管理方式。

這個圖表的橫軸是僅有功能性價值，和同時具備充分的意義性價值（解決方案價值），而縱軸則是呈現有多少數量的企業客戶獲得了意義性價值。

最初步的生產財企業屬於左下方，他們會因應特定企業客戶對技術及規格的需求，開發並製造商品；而此時的顧客價值便侷限於功能性價值。這是只為特定的顧客考量物品價值（功能性價值）並生產販售的方法。就像接受長年往來的相關企業或老企業客戶的委託，按照圖面製造商品並出貨。

不過，就如本書主張，要實現巨大創新，除了功能性價值外，也必須加上意義性價值。然後，再深入企業客戶，追加能夠提升顧客獲利的解決方案。就像圖表中①的箭頭，從左下象限往右方移動。

接下來，必須將同樣的價值拓展至其他企業。不只是特定企業客戶而已，也必須深入廣泛的企業客戶、提出解決方案。這就像圖表②的箭頭所示，從右下象限移動至右上。

事實上，與其重視這個順序，倒不如重視圖表3-4右上象限的定位。也就是說，需要研究商品如何讓更多的企業客戶能夠享受到更大的綜合性價值，這就是大量客製化的領域。如果沒有積年累月努力了解各家企業的工作流程，是無法達到這種地步的。這就是基恩斯最大的優勢，一般企業要在短時間內模仿也是困難重重。

5 從經濟性與潛在性，掌握顧客價值最大化

到目前為止，我用通用的概念說明了，有關生產財企業創造大型顧客價值創新的條件。如同圖表3-5所示，其中有兩個格外重要的因素，亦即對企業客戶經濟價值的貢獻，與顧客價值的潛在性。

首先，優秀的生產財企業所設定的目標，並非只是商品單純符合顧客需求，而顧客也願意

圖表 3-5 顧客價值的條件

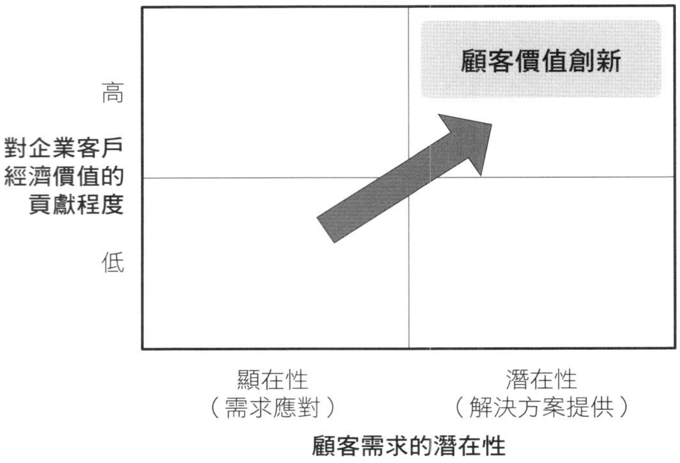

（出處）作者製作

購買、使用而已，他們會以透過企業客戶能夠降低成本或提高生產力，提供達到更多利益的商品及解決方案為目標。也就是說，他們會以企業客戶的經濟價值最大化為目標。這點可從圖表3-5縱軸「對企業客戶經濟價值的貢獻程度」表現。

而且，重要的並非結果，而是在與企業客戶利益增加相關事項上制定明確的目標，並實踐它。即便供給企業客戶使用的商品，確實符合他們的需求，但對利益提升的貢獻程度較小，就無法評斷為卓越的商品。

此外，還有一點無法僅透過上述圖表的縱軸完全呈現，那就是如同先前我們說明過的大量客製化觀念。這巨大的經濟價值不只是為了單單幾間企業，而是要對多數的企業客戶提供。

還有一點，就是圖表橫軸定義的「客戶需求的潛在性」。此處客戶需求的潛在性是指，企業客戶並未察覺或尚未充分理解，生產財企業提供的是實踐企業客戶解決問題或刪減成本的方法或必要的商品。

相反地，顯在性客戶需求指的是，企業客戶已理解需要解決的課題與如何解決的方法。若企業客戶清楚知道解決問題的方法，他們就會想盡辦法，以最低的價格下訂購買所需的商品。

比起客戶需求，配合顯在性需求所供應的商品，其顧客價值與購買價格都比較低，有以下兩個理由。

首先是客戶需求是潛在性的，針對不知道如何解決問題的企業客戶，只要提供方法的解決方案，除了商品價值之外，提案內容本身也會產生價值。這與對知識技術（know-how）及提案內容收取費用的諮詢顧問具有相同價值。

如同本章第一小節的圖表3-1所示，生產財企業提供給企業客戶的經濟價值，是包含商品的功能性價值，以及使用方法等意義性價值的總和所決定。顯在性需求的情況，是因為企業客戶已知意義性價值，所以不會支付該部分的代價。剩下的只有商品功能性價值部分的代價，因此商品的顧客價值較低。

其次是在顧客需求顯在性化的情況，為了解決問題應購入的商品，以及使用方法都很明確的話，企業客戶就能同時、具體向多間生產財企業傳達需求，最後便可向報價最低的企業購買。這種情形必然會出現競爭且商品售價會被壓低。

這時首先就必須避開圖表3-5中的左下的狀態。若單純因應企業客戶的規格（顯在性需求）提供商品，能給予的就只剩下功能性價值，對經濟價值的貢獻也會減少。因此，右上象限領域，也就是提供企業客戶尚未察覺且能夠放大經濟價值的解決方案，才是應該追求的。

6 以SEDA模型，思考生產財下的藝術思考

①SEDA模型的定義及重要性——默認與革新

創新變得複雜，社會對顧客價值的要求因此也形成共識。因此，融合功能性價值與意義性價值產出的綜合性價值開始受到重視，這是至今我說明的內容。下一步我將提出將功能性價值與意義性價值二分化的SEDA模型，此為構思綜合性價值，更有效果的概念框架（延岡，2021）。所謂的SEDA是由科學（Science）、工程（Engineering）、設計（Design）、藝術

圖表 3-6 SEDA 模型

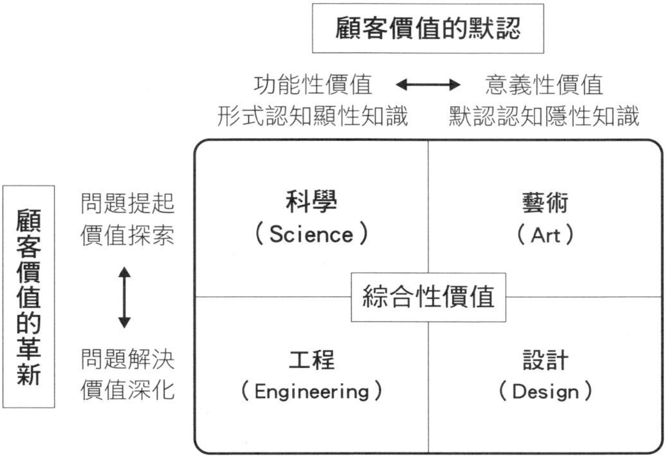

（出處）作者製作

（Art）的開頭字母組成。

如圖表3-6所示，這個框架是由兩個座標軸構成。首先是橫軸部分，是至今也一直討論到屬於功能性價值，亦或是意義性價值的「顧客價值的默認」。縱軸則是探討要解決客戶既有的問題，還是要提出新價值或新問題「顧客價值的革新」之座標軸。

顧客價值的革新，以「問題解決和價值深化」，以及「問題提出與價值探索」兩方面來定義。從古至今經濟學分別透過「深耕」（Exploitation）和「探索」（Exploration）進行對照、討論（March, 1991）。前者是透過深化自家公司積累的既有知識和技術，有效解決顧客的特定問題。後者的問題提出與價值探索，並非在既有價值的延伸上解決問題，而是探索完全不同的嶄新價值，並提案給顧客。相較於前者的價值深化是不斷累積改善，從1↓10為目標；而後者的價值探索則是呈現由0↓1，也就是從零開始創造全新的價值。

在此處，希望能同時追求價值深化與探索其實有問題。因價值深化而不斷體驗到的成功，會受到累積慣性（inertia）的影響，不容易從零開始探索價值。若要探索價值，就必須打破甚至忘卻既有的知識。但因為有難度，所以能夠同時做到累積既有知識的價值深化，以及革新的價值探索的企業相當有限。

近年，查爾斯・歐萊禮（Charles O'Reilly）和麥克・塔辛曼（Michael L. Tushman）（2016）將成功兼顧兩者的經營方式命名為「雙元性經營」（ambidexterity management）而受到矚目。

從顧客價值的默認與革新兩座標軸，可以分類為SEDA的四種價值。

首先，位於圖表左半側的功能性價值，有能夠探索嶄新可能性，並提供顧客的「科學」，以及善用既有的技術與知識，用以解決顧客問題的「工程」。位於圖表右半側的是能夠透過意義性價值，解決顧客問題的「設計」，和能夠提供超出顧客想像的革新問題的則是「藝術」。

我並不是說四種價值其中哪一項最重要，而是指出公司需要綜合運用這四項，將顧客價值最大化。近年來，右半側的意義性價值更顯重要。因此，能夠整合功能性價值與意義性價值，並善加運用SEDA整體模型的企業，有更高的傾向獲得成功。其中，蘋果等企業特別是不僅限於設計，在藝術領域也成功整合四個領域價值，更是取得顯著的成功。

至於意義性價值，近年來大家主要關切右下方的設計領域，以「設計思考」（Design Thinking）的概念備受關注（Brown, 2009）。在這領域除了優異的功能之外，期望加上設計專利（狹義上的設計）或好用程度等來解決顧客問題，並且以讓顧客滿足，且不會感到壓力的商品為目標。由於這是無法用數字或規格來衡量的價值，所以需要盡早做出原型，一邊評估顧客使用價值相關的滿意程度，一邊著手商品開發。

另外在藝術領域上，不僅要讓顧客滿意，更需要為他們帶來超越想像的感動。所以，即便調查顧客的期望或困擾本身不會帶來多大的貢獻。但還是要知道能夠帶來超越顧客想像的創新技術源自科學，而透過商品的概念或哲學的革新所呈現的是藝術。

跨界到藝術領域，並透過提出高度綜合性價值成功的代表性案例就是蘋果。史帝夫•賈伯斯（Steven Jobs）並非因應了顧客的需求，而是透過筆電、智慧型手機呈現出超越想像、絕佳好用（易用性）與美感，成功迷倒了全世界。

希望各位不要誤會，在藝術思考方面，並非就代表完全不在意且忽視顧客的需求。而是他們充分理解顧客的使用方式及想法，再提出能夠超越前述程度的思考提案。這與成功的藝術家不必聽取觀眾的需求，也能夠創造出感動人心的作品是相同的道理。因為他們對於何謂人類與所謂感動，有著比一般人還要更深刻的理解。

同樣地，賈伯斯也不仰賴顧客的心聲回饋，也不做使用者調查，因為他也不可能去詢問顧客「你想要哪種智慧型手機？」，並對此有所回應。他在筆電和智慧型手機上，比起顧客擁有更多描繪未來應有型態的能力及知識。再加上，他應該也具備能夠深刻感知，未來使用者在使用特定商品時的感受。

最具代表性的、擅長藝術思考的人才就是一流的藝術家或電影導演等，他們並不會直接被觀眾的想法左右，而是將自己深信的樣貌，透過商品或服務表現出來。但是，若完全不回應顧客的心聲也會有失敗的風險。透過這種思考方式可以得知，實際上能夠帶來超越顧客想像的感動結果是在經營上具有非凡的藝術思考。

至於在製造業也適用相同觀點。關於消費財的藝術思考，在《藝術思考生產》（延岡，2021）一書內有詳細說明，還請各位參考。

② 藝術思考在生產財的應用

在本書主題生產財之下，提出符合企業客戶需求，或是超越想像解決方案的藝術思考相當重要。

首先，我先就在生產財運用ＳＥＤＡ整體模型的基本想法進行說明。

讓我們以工廠使用的儀器設備為例，進行思考。圖表3-6（ＳＥＤＡ模型）左側的科學與工程，指的是透過高速且精度高的優良加工技術等，以技術優良的商品，向企業客戶提供功能性價值。工程是為了因應顧客需求，配合開發所需的功能；而科學則是超越顧客的顯在性需求，例如提出將至今無法達成的加工技術，轉為可能的創新技術提案。

其次，則要透過生產財來思考圖表右側的意義性價值。首先，能夠匹配設計思考的，是超越單純的技術規格（功能性價值），例如導入簡單且能夠減少工程經費，又或是方便使用，讓作業員得以大幅縮短時間的儀器設備。超出商品功能，讓顧客實際運用時，能夠解決困擾或效率不好的問題。

另一方面，在藝術領域上，生產財企業會聚焦於企業客戶尚未注意到的具體問題之上，並提供新提案，而這即是超越原先預想問題設定本身的提案。舉例來說，提出與顧客原先設想所使用的儀器設備，截然不同的提案；更為極端的案例，甚至可提出不須使用儀器設備的工程方案。

關於在生產財採用的藝術思考具體案例，請參考第6章的基恩斯商品說明。基恩斯一直以來向顧客提供的，都是超出顧客想像創新改革的解決方案。

圖表 3-7 藝術思考與設計思考

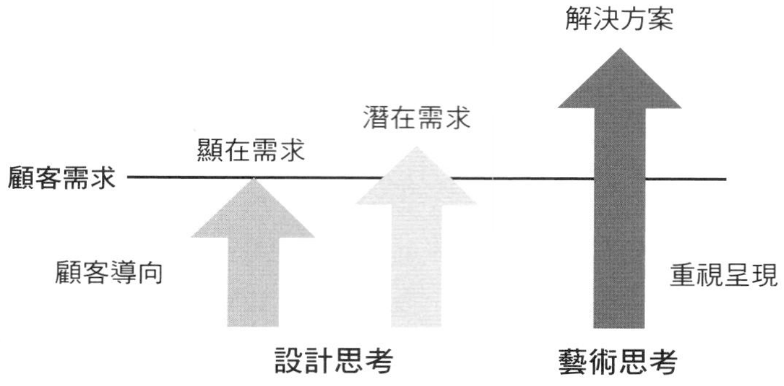

（出處）作者製作

前面已說明了顧客價值潛在性可區分為顯在性需求與潛在性需求。圖表3-7則又進一步將高度潛在性的顧客價值細分為，因應潛在需求和提供解決方案兩部分。

在第2章曾簡單提及，關於潛在需求與解決方案的差異，雖然區分並不明顯，但可說是具有連貫性的。不過，在言語的使用方式上，有習慣上的差異。例如，當優秀的諮詢顧問在根本性的檢視業務做法，並導入新流程之際，比起「發掘潛在需求」，反而會使用「提出新的解決方案」較為恰當。

藝術思考則是透過全新、獨特的想法與方法，超越企業客戶期待的成果，提供嶄新的解決方案。

首先，具體來說必須對企業客戶的製造現場及商品的使用方法，具備與客戶等同，甚至是比客戶更深度的了解。若只是聽取企業客戶認知到的具體問題或需求，則無法實現藝術思考。大家必須像一流的諮詢顧問般，確切掌握企業客戶整體的業務目的與做法。

此外，至少在有可能使用自家商品的領域上，必須具備比企業客戶更高超的生產力及品質提升等有關的問題解決能力。藉由這項能力便能更有機會提出嶄新、超越企業客戶設想問題的方案。

就如本章節所說，生產財企業只要能夠善加利用「專業優勢」與「顧客的範疇經濟」，便能在問題解決能力上，位居客戶之上。

7 小結

本章節主要探討了一般經營學理論中，生產財底下的創新，也就是說明了創造新的顧客價值必備的條件。而正如本書所提及，基恩斯具備了所有上述的的基本必要條件且徹底實行。最後，我再一次彙整要點於此。

對生產財企業而言，最理想的是整合SEDA模式的四個領域（科學、工程、設計、藝術），並實現巨大創新。不光是功能性價值，也必須結合意義性價值（解決方案價值），並以企業客戶經濟價值的最大化為目標。

而其中以下兩點，最為重要。

第一是盡量讓大型經濟價值共通化，並建立標準化，也就是能夠向更多企業客戶提供方案的「大量客製化」。這就是深入企業客戶，創造巨大的解決方案價值，並透過建立標準化而橫向展開，以同時達到量產效果和學習效果帶來的低成本策略。這並非市場導向，而是採取顧客導向，且不僅以幾間公司為目標，而是以眾多企業客戶為目標。

第二，並非因應企業客戶的顯在需求，而是提出顧客尚未察覺的解決方案。尤其必須獨自找出，能夠提升企業客戶經濟價值的方法，並給予提案。

此外，不只是回溯顧客目標的根源，找出特定的問題解決方案，最理想的是能夠提供大幅超出顧客設想，並顛覆問題本身的創新解決方案。而這正是加入藝術思考的顧客價值創新。

基恩斯之所以優秀，正是因為他們確實實踐了這些生產財企業應該要做的事。再來就是他們的經營方針之一，就是培養徹底追求原理原則的態度。事實上，要以盡量接近完美的形式做到應盡之事，相當困難。從下一章開始，我將具體說明基恩斯如何付諸實行。

第4章

創新顧客價值的組織結構

● High Value-Added Management at Keyence

1 穩固的九個事業部是基恩斯高獲利的基礎
2 事業部由事業部負責人、業務和商品開發團隊組成
3 位於各銷售辦事處的業務人員及分工
4 從策略層面支援全世界業務活動的促進銷售小組
5 商品開發人員不只是技術人員
6 商品企畫小組和商品開發小組各司其職
7 透過商品開發與業務，實現SEDA模型
8 小型總公司的功能

我至前一章節為止，說明了基恩斯成功的邏輯與概要。從本章開始將具體闡述產生創新的組織結構（第4章）與流程（第5章、第6章）。

基恩斯在生產財企業當中罕見地必稱自家「產品」為「商品」。產品一詞的物品形象強烈，但基恩斯的商品象徵提供解決方案的經營哲學，並非只有物品的價值。從物品轉移至事物是近年普及的概念，但基恩斯卻是從半世紀前的創業之際就已經導入了。

只有當企業客戶在適切的企業或工作場所，正確使用適切的商品當下，基恩斯制定的高遠目標——顧客價值才會產生。用本書的表達方式來說就是，物品的「功能性價值」與解決方案的「意義性價值」相輔相成後產生的效果，所反映出「綜合性價值」。

為了達到綜合性價值最大化的目標，建立起理想的組織，而這就是組織之所以格外卓越的原因。其中我先在本章節說明組織架構的特徵。

為了達成目標，基恩斯必須具備能夠針對企業客戶的製程或研究開發流程，給予大幅提升獲利方案的諮詢顧問能力。而基恩斯為了將自家公司打造成充滿這類人才的企業，創立了在各商品領域中真正的專家（專業）團隊。

其中最能代表專家團隊的是穩固的事業部體制。九個事業部的負責人全都能夠在各自領域上，以培養向企業客戶提供解決方案的能力為目標。為了各事業部的創新，基恩斯想當然耳將事業部的高階管理者，也包括業務與商品開發的全體員工都組織為穩固、團結的專業團隊。新進員工進公司幾年後，會透過完善的制度，在分派的事業部內，為成為商品、市場和顧客相關頂尖專家而接受培訓。

以下將接續基恩斯的事業部及商品種類，說明各事業部的組織架構與總公司的功用。

1 穩固的九個事業部是基恩斯高獲利的基礎

基恩斯創業時的主力商品，是用於檢測工廠生產線上不良品等的感應器，而現在仍屬於主力商品領域之一。之後，他們更是不斷推出用於工廠自動化或品質管理相關的各種商品。基恩斯的商品應用領域除了工廠之外，也介入大學或企業研究單位的顯微鏡等範圍。

二〇二二年時的事業部如同圖表4-1所示，共有九個事業部。基恩斯的方針是不公布各事業部負責的商品清單，因此我謹記載具代表性的主力商品。

基恩斯會根據商品種類和各自的銷售狀況，進而增加或改組事業部。不過，由於基恩斯的主力事業一直以來幾乎都維持相當不錯的成績，所以至今事業部門或商品領域的改組或變動不

圖表 4-1 基恩斯事業部

事業部名稱	主力商品案例
感測器部	工廠自動化感測器 （FA〔Factory Automation〕感測器）
應用感測器部	辨別、位移感測器
精密量測部	雷射位移計
視覺系統部	圖像處理系統
控制系統部	可程式化邏輯控制器 （Programmable Logic Controller，PLC）
顯微分析部	數位顯微鏡
投影／三次元 瞬捷量測部	三次元測量儀
條碼讀取部	條碼讀取器
雷射雕刻部	雷射刻印機

（出處）作者從基恩斯股份有限公司提供的資料所製成

多。

最終就是由身為該領域真正專家團隊的各自事業部，在不斷培養人才與其能力。只不過由於營業額顯著成長，事業部數量也一點一點的增加。

舉例來說，二〇一〇年全公司的營業額大概在兩千億日圓上下，與現今的九個事業部相比，當初只有七個（延岡、岩崎，2009）。

二〇二二年的營業額來到了七千億日圓，每個事業部的營業額都明顯上升。即便增加至九個事業部，單純平均計算下來，一個事業部的營業額大概落在八百億日圓左右。為了推動有效率且有成效的事業部管理，應該就需要這麼多的事業部。

思考基恩斯的事業部和事業及商品種類時，首先必須了解的前提是，基恩斯基於社會的存在意義，必須實現巨大的顧客價值（高額但性價比也高）。而就顧客價值的基準來說，能代表社會貢獻的銷貨毛利率（毛利率）的平均金額依舊維持在八成左右。

從第1章的圖表1-1顯示的營業利益率的變化可知，過去三十年間基恩斯並沒有產生太大的變化。同樣地，從基恩斯的角度來看，無法對顧客或社會做出貢獻的事業存在意義不大，這判斷也還算合理。

由於基恩斯發展事業或商品的前提條件是，能夠提供這般高程度的顧客價值與社會貢獻；因此認為若單純希望商品種類齊全而系統性的發展商品品項的做法，意義不大。這對一般企業來說，可能較難理解，但以基恩斯為題材展開企業研修時，有時學員會出現以下的提問：「基恩斯的規模較小，所以能夠實現八成的毛利率，但如果企業壯大，是否就無法做到了呢？」

其實這個問題有點邏輯顛倒了，因為如果基恩斯沒有能力做到這種地步的社會貢獻，也就沒辦法在競爭激烈的情況下，增加商品銷售量或營業額。另一方面，很可惜的是現今的日本企業大多還是以增加營業額為主要目的。

有一個滿久之前的案例：基恩斯在一九八二年時，賣出銷貨毛利率二〇%、占當時全部營業額一五%的「自動線材切斷事業」。其中一個理由是，就算達到了二〇%的毛利率，但與感測器事業相比，自動線材切斷事業產生附加價值的社會意義過低（《日本經濟新聞社》，1999）。

事業部的結構也呈現出這樣的基本觀點。要創造出如此高程度的附加價值，換句話說，為了持續向企業客戶提供獲利提升的方案，各事業部的商品開發和業務人員也都需要成為該事業部裡負責商品的真正專家。所以，事業部就是為了扎實培養所屬領域的專家團隊，並藉著強大的團隊來實現最大化的成果。

為了實現這樣的目標，各事業部底下又各自配置了專門的商品開發和業務單位。或許有人認為，若所有的事業部皆獨立行動，部門之間可能會產生隔閡而導致效率降低。但從基恩斯的經營哲學來看，更應該優先考量的是，各事業部是否具備高度化的專業能力，並能夠向企業客戶提出能大幅提升生產力及獲利的方案。

當然，我們無法完全去除事業部制度的弊端。例如，業務活動基本上是由各事業部分開進行，所以會出現多個事業部的業務人員，前往拜訪相同企業客戶的情況。即便如此，企業客戶可從各個事業部獲得巨大的價值，所以似乎也沒有特別視之為弊端。

再加上，各事業部為了達到遠大的目標，若發現與其他事業部合作會帶來加乘效果，也不會拘泥於事業部的合作制度，會主動善加運用。例如，如果感測器與ＰＬＣ的組合會對提升企業客戶的生產力有幫助的話，兩事業部的業務人員也會合作，共同向客戶提供方案。

其他例子像是為了提高商品開發的附加價值，若需要其他事業部的技術時，就會立刻學習並進行技術轉移。這些作為並非遵循事業部之間的合作制度，而是各事業部為了達到更大的目標，而自主性的展開合作。

從結果來看，比起事業部之間產生隔閡、弊端，基恩斯反倒最大限度的善用事業部原有的優勢，因此公司整體長年以來不斷創造出驚人的業績。許多企業提問，是不是自家事業部之間的隔閡引發問題，造成業績低迷？這可能是藉口吧？與其著手調整事業部，倒不如在各事業部，為客戶創造出巨大價值，更顯重要。

另外，如果真心想要達成更高的目標，只要有必要，應該會主動要求身旁的事業部給予協助。與其說事業部之間的隔閡造成問題，倒不如說問題是出在目標設定與達成目標的認真程度上。

2 事業部由事業部負責人、業務和商品開發團隊組成

為了盡可能順利創造出顧客價值，基恩斯持續將事業部組織和營運優化為最適合的狀態。因此，基本上九個事業部內的組織架構是共通的。

如圖表4-2所示，各個事業部首先有事業部負責人，接著大致分為業務與商品開發兩大組織領域。其中有銷售辦事處（日本國內外皆有）與商品開發小組，分別是業務與商品開發的執行團隊。另外，還有可稱為戰略員工部門的組織追隨其後。業務還有促進銷售小組，而商品開發則有商品企畫小組。這些小組都肩負著戰略引導業務、行銷和商品開發的責任。

上述提及「戰略員工部門」，但事實上對基恩斯而言，「戰略」這個字彙可能比較抽象、不太合適，而且公司內部也不使用。促進銷售小組和商品企畫小組的使命雖說具有戰略，不過明確且具體。亦即，在創造顧客價值上，他們給予業務、行銷和商品開發最強而有力的支援，並帶領他們前進。

從外部客觀的觀點來說，促進銷售小組和商品企畫小組屬於戰略員工部門，可視為提拔優秀人才的菁英部門。但是，就如同基恩斯否定階級，採用職責分擔的理由一般，不存在菁英部門的觀點。他們認為促進銷售小組和商品企畫小組的職責是處理業務方針和商品企畫，並非

圖表 4-2 事業部的組織

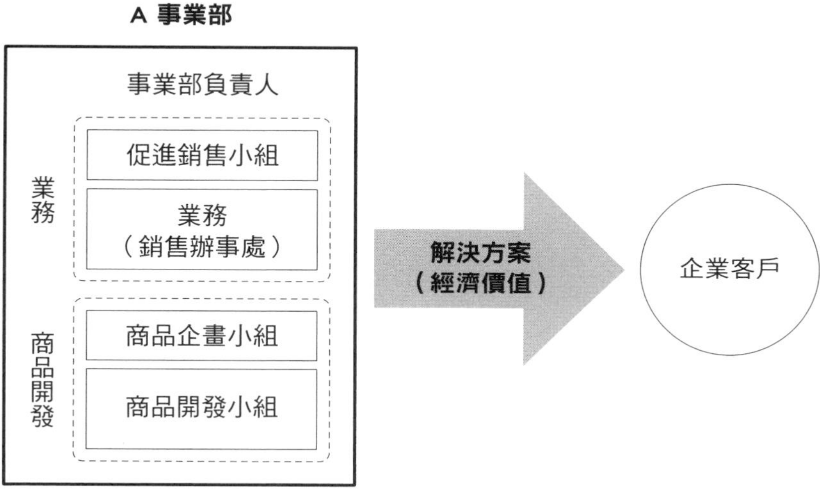

（出處）作者從基恩斯股份有限公司提供的資料所製成

位居業務或商品開發之上。基恩斯是不需階級或菁英，且團結為一體的團隊。

再次強調，基恩斯總共有九個如上述圖表相同的事業部組織。包含促進銷售小組和商品企畫小組在內，這個組織架構的成效相當高，因此也不需要依各事業部別而有所變動。

長久以來，這個組織架構發揮相當大的作用。從結果來看，至少過去二十年以上的時間，在組織結構、經營方針、目標設定和業務流程上，都沒有出現大幅度的變動（延岡、岩崎，2009）。與豐田的生產方式相同，整體貫徹著普遍的正當性。

但是，在這裡需要留意的是，各個事業部在詳細的做法上可能有所差異。基恩斯的經營方針中最重視的觀點是主體性與彈性。基於事業部負責的商品或企業客戶的不同，在詳細的經營流程上必須彈性配合各自的事業部。這並非由總公司強勢下達經營流程的指令所促成，而是事業部門主動進行營運活動。

此組織架構的重要特徵則是，不光是公司整體，就連事業部也是，從組織架構到企業文化等全都極度扁平化。

本章後半部會說明相關內容，但首先就全公司層級來看，總公司在事業部之外只存在最低限度的功能。各事業部以顧客價值最大化為經營核心，不需要太多其餘的功能或工作。

事業部也與總公司相同，幾乎不存在像戰略部門類的管理部門。硬要說的話，就是由商品企畫小組和促進銷售小組擔任事業部員工，負責支援事業部負責人的工作。由於一共分為九個事業部，各事業部的高層管理也是以最小程度加以整合，因此不需要設立獨立的管理部或員工部門。

再度看回圖表4-2，基恩斯二〇二二年的業務人員遍布包含日本在內，全球四十六個國家，共兩百三十個據點。全集團員工人數為八千九百六十一名，應該過半是業務團隊。另外，總公司有相當於行銷部門的促進銷售小組，卻沒有業務部門。

日本一般的大型製造商大多也會在總公司設業務部門，但對想要盡量精簡工作人員、部門的基恩斯來說是不需要的。另外，由於採取直接銷售方式，透過與企業客戶的接觸，並創造龐大價值的方針來看，將業務團隊全部分配到銷售據點，是較為合理的做法。

除了業務人員以外，像是商品開發小組、商品企畫小組、促進銷售小組皆與事業部負責人一樣，主要安排於大阪的總公司大樓工作。基本方針是將各事業部分配至總公司大樓的各樓層，而每一樓層劃分為一大空間。

事業部內的所有員工都以顧客價值最大化為目標，因此組織內部的溝通或共同合作是必要的，為此也形成員工自由開放共享資訊和討論的文化。如此開放的企業風氣也展現在總公司大廈的建築物設計上。

總公司大樓於一九九四年竣工。由於梁柱並非位在四個角落，而是設計於四方外牆的中央，打造出如此劃時代的建築構造，因此各樓層不存在會阻礙溝通的柱子、牆壁或隔間。辦公室裡也沒有高到看不到臉的隔間板，所以大家能一覽無遺。已有學術證明此設計有利於溝通，而在「共生」（collocation）上也是相當理想的設計。

這棟大廈在過去十年間獲獎無數，也曾在全世界的建築物及橋梁當中，獲得國際結構工學會的「優秀結構獎」（二〇〇〇年）。

因為將整體事業部安排在同一個房間的共生效果，商品開發成員能與對市場或企業客戶相當了解的促進銷售小組，隨時交換意見。在著手商品開發的過程中，若是想知道企業客戶的商品使用方式或業務流程等，也能夠在想要獲得資訊的時機點當下就簡單發問，這極為有用且有效。另外，促進銷售小組在思考業務或行銷策略時，也可頻繁與商品企畫小組或商品開發小組進行討論。

以下將針對銷售辦事處、促進銷售小組、商品開發小組和商品企畫小組，簡單概述他們的架構和職責。更詳盡的業務流程，將在下一章節後說明。

3 位於各銷售辦事處的業務人員及分工

首先，以日本國內為例簡單說明，配置業務人員的銷售辦事處。國外據點跟日本國內在組織架構或名稱上，或多或少有些差異，但像是直接販售的商業模式、組織流程及業務人員的職責等基本概念，皆與日本國內相同。

另外，由於基恩斯的業務人員對技術也相當熟悉，所以有時會被誤解為他們是技術相關專

圖表 4-3 銷售辦事處的組織

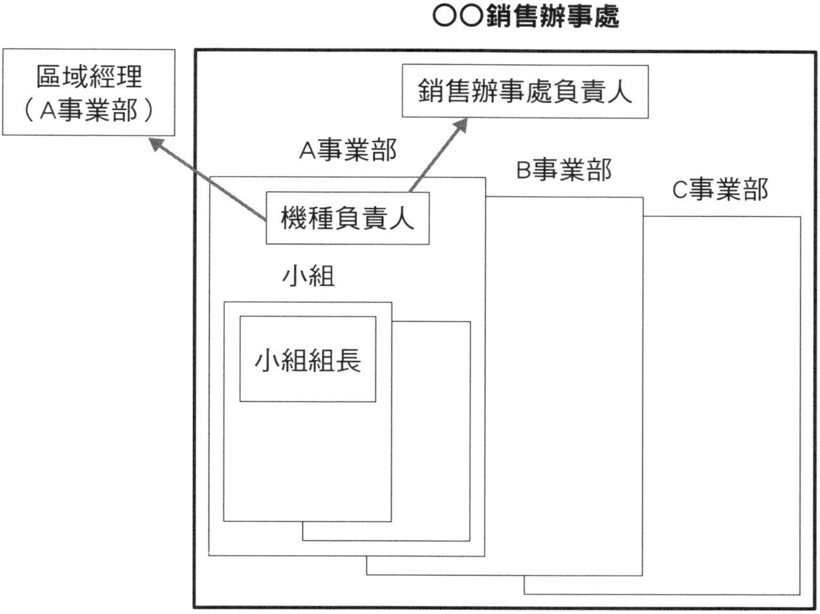

（出處）作者從基恩斯股份有限公司提供的資料所製成

業或原本就是技術人員出身，但其實他們大多都是文科畢業。員工在進入公司之後，會徹底學習商品和相關技術。

日本約有五十個營業據點。如同前述，各銷售辦事處的高層，也就是一般稱為銷售辦事處處長，在基恩斯的職稱則為銷售辦事處負責人。

並非每一間銷售辦事處都有九個事業部。例如，根據某個時期的官網介紹文字顯示，感測器部有三十個以上的據點，而顯微分析部則有八個據點、投影／三次元 瞬捷量測部則限定在六個據點展開。（本書結尾參考文獻／網頁資料：基恩斯ＨＰ１）。

例如，有可能一個銷售辦事處裡有五個事業部的業務人員，另一個銷售辦事處裡有三個事業部的業務人員。圖表4-3則是被分配到三個事業部的銷售辦事處為事例。

基恩斯之所以能夠創造出龐大的顧客價值，都是因為聚集所屬領域專家的各個事業部都確實發揮了功效，而事業部實際上也相當重視銷售辦事處的管理。掌管多個事業部的銷售辦事處負責人的職責，並非事業營運的管理，而是以銷售辦事處內部的組織營運管理為主要工作。

負責整合銷售辦事處各事業部業務的是「機種負責人」。例如，負責整合東京銷售辦事處感測器部成員的是感測器部的機種負責人。也就是說，基本上在各個銷售辦事處內有多少個事業部，就有多少位機種負責人。這一般來說，可以理解為各銷售辦事處的事業部負責人。

銷售辦事處負責人並不代表是機種負責人的上司。銷售辦事處負責人其實並不負責業務工作，而是負責銷售辦事處的營運與管理。他們主要管理跨部門的合作業務等工作，也就是負責高效管理銷售辦事處的整體日常。因此，也有可能由其中一位機種負責人兼任銷售辦事處負責人。

機種負責人的實質上司並非銷售辦事處負責人，而是「區域經理」（Area Manager）。區域經理主要負責整合某特定區域內、多個銷售辦事處底下的相同事業部的機種負責人（及業務小組）。例如，若感測器部的業務團隊被分派至東京地區的五個銷售處辦事處工作，區域經理就要負責整合他們，且通常會將其中一個銷售辦事處當成主要據點。

在機種負責人之下，業務人員的人數或組織，會依據銷售辦事處的不同而有多種樣貌。業務人員人數較多時，會以負責的商品為小組，並任命小組組長。而小組組長的定位是負責支援在銷售辦事處內的機種負責人，尤其他們在指導年輕業務人員上也發揮了極大的作用。

銷售辦事處以尋求組織成果為目標，而非僅追求個人成果。因此，大家會以機種負責人或小組組長為中心，頻繁進行顧客資訊或新商品相關的資訊共享與意見交換。

我們可將事業部內的業務組織架構整理為五個層級，由上往下分別是：事業部負責人、區域經理、機種負責人、小組組長，以及組員（業務人員），這就是在事業部內，執行業務活動的基本單位。

但基恩斯秉持對所有事情都彈性處理的原則，因此在銷售辦事處內的某個事業部所負責的範圍相當廣。因此，業務人員人數較多的情況下，也會以商品類別區分為多個團隊，然後再各自分配機種負責人。同樣地，一個機種負責人底下的業務人員人數較少時，就有可能不分小組。如前所述，基恩斯的組織架構是重實質、不重形式，因此無法用單一規則說明，也有許多破例的處理情況。

4 從策略層面支援全世界業務活動的促進銷售小組

① 負責行銷定位與特色

各事業部底下的促進銷售小組位於總公司，負責決定與推動整體事業部的行銷與業務方針，同時也負責從戰略層面支援世界各地的業務活動。在基恩斯培養並推廣諮詢顧問業務能力上，擔任相當重要的角色。

具體的職責涉略廣泛，主要的日常工作是從國際觀點，進行市場分析、顧客調查、銷售及營業額分析等，藉此制定往後的業務方針。此外，為促進業務人員的銷售，也會進行新商品的市場導入準備、製作促進銷售的工具、支援解決方案業務，以及培訓業務人員等。

為了執行上述工作，從世界各地業務活動當中獲取的重要顧客資訊，或是與有效提出解決方案相關的知識與技術，所有資訊都會彙整於促進銷售小組。

促進銷售小組的具體工作內容無法詳細定義，也無法完全呈現。這是因為，為了達成讓業務人員能確實提供提高顧客獲利解決方案的最終目標，他們會靈活且有創造性的檢討，並建立戰術、架構或方法，所以沒有固定的做法。

每一位促進銷售小組的成員都會持續、主動思考，在銷售方法或業務活動究竟需要採取何種對策與提供什麼支援，並選擇在適當的時機實行有效的對策。而促進銷售小組成員大多配置善於自主思考業務策略及具體展開方式的人才。

基恩斯的促進銷售小組相當於一般企業業務部門的行銷部門。促進銷售小組也具備通常的行銷能力，在進行市場整體的動向調查後，思考宣傳、銷售促進或物流等對策。

但同時，促進銷售小組也十分重視，業務人員為了提出提高企業生產力的解決方案，而在各間企業客戶的製造現場所採取的具體銷售對策。因為在基恩斯，業務或行銷策略比起針對目標市場整體的宣傳或促進銷售、市場調查等，更重視提供符合各別企業客戶業務項目的價值提案。就第3章的說明來說，就是採取「顧客導向」，而非「市場導向」。

例如，現在有具備特定功能的新型感測器要引進市場，除了一般的行銷活動，像是舉辦銷售促進活動、在專門雜誌刊登宣傳之外，他們也相當重視從整體市場的觀點，調查市場趨勢和設定以什麼業界、企業為銷售目標等。

此外，最為特別的是，他們十分重視直接與現場觀點的聯結。例如，在具有各式各樣製程的企業客戶工廠內，如何運用新型感測器才能提供效率提升的最佳提案。像這種具體的解決方案提案方法，也都是由促進銷售小組事先進行徹底調查與檢討後，在商品導入市場之際，再由業務團隊實行。

調查銷售辦事處已成功向多間企業客戶提案的業務活動內容，並請業績表現佳的業務人員同行，分析優秀業務人員的做法之後，再橫向展開，也是促進銷售小組的職責。他們在支援各別業務人員的同時，也需要將銷售商品的最佳方式，推廣至世界各地的據點。

能夠確實做好上述職責的促進銷售小組成員，與優秀的業務人員旗鼓相當，或者甚至還累積了更多針對各別企業執行顧問諮詢的高度專門知識和能力。反過來說，在有業務經驗的員工當中，具備這種能力的人才也常被分派為促進銷售小組。

能夠象徵基恩斯優勢最重要的是先前提及的「大量客製化」概念，而大家從到目前為止的說明也可得知，促進銷售小組的活動也都是依此標準在進行。

即便在思考業務及行銷戰略或策略之際，促進銷售小組通常並非僅從宏觀視角（macro）分析整體國際市場（大眾），同時也相當重視從微觀視角（micro）掌握，能夠提供給各類企業客戶特有的價值（客製化）。基恩斯希望結合「對各間企業客戶而言的經濟價值」（微觀）與「客戶數量」（宏觀）的雙方視角，以期達到最大化的目標。

檢討定價算是行銷功能之一，他們與其說是視市場整體的行情而定，反而會以針對各式各樣企業客戶來說的性價比為基礎來探討。而這一點也非採取市場導向，而是以多數客戶為主的顧客導向。一般的生產財企業，因為無法充分掌握多數企業客戶在意的經濟價值相關知識或資訊，因此常會透過競品的價格或市場的行情來制定價格。

②業務方針的展開與教育

分析並檢討全球各據點的行銷與銷售政策，並將銷售方針或策略向區域經理（及銷售辦事處的機種負責人）橫向展開。同時，也為了徹底實行檢討過的銷售策略目的，對業務人員實施研修或教育，也是促進銷售小組的重要職責。

首先，對新進員工進行教育訓練。新人四月進公司不久就會開始去各事業部研習。如同至今所強調，基恩斯最優先考量的是如何培養各事業領域的專家團隊，並向顧客提供巨大價值。因此，比起公司整體的研習，各個事業部更重視新進員工是否在早期階段就徹底學習負責商品的用法、技術等產品相關知識。

另外，為了打好經營目標的基礎都會從頭開始用心指導，像是客戶對性價比的想法與分析、計算性價比和提案方式。例如，將企業所需人數與時間的減少帶來的效益，與商品價格進行比較，明確顯示購買基恩斯的商品能享受到高度經濟效益的重要性和具體的提案方法。

要將重要的新商品導入市場之際，會召集事業部的業務人員，向大家說明商品概念、新技術，以及在主要業界中對各企業客戶具有的價值。業務人員可拿到新商品機器或展示機實品，充分掌握能向企業客戶傳遞的商品重點。尤其能向特定的業種或業務項目，提出有辦法大幅提升生產力的提案時，更是會仔細說明典型企業客戶的操作方法，以及進一步的活用方式。

③提供促銷工具——型錄、展示機和經典案例集

準備、提供支持業務團隊的促銷工具或資料庫也是促進銷售小組相當重要的工作。

說到促銷工具，首先會聯想到的是型錄或展示機。他們製作型錄時也是謹慎再謹慎，直到最後收尾前都要來回修正。為了能夠順利說服客戶下了許多功夫。只要從型錄第一頁開始依序說明，不僅是解說商品規格和技術，更為了能夠盡可能說服客戶而下功夫在表達商品能為企業客戶在成本刪減及提高效率上，帶來多大的益處。

但是，光靠型錄依舊無法充分傳遞商品真正的魅力，尤其是基恩斯商品最引以為傲的核心優勢是絕對的好用（易用性）、效率與便利性。其中，最受到重視的就是展示機，客戶在實際試用過後，大多都會因為好用程度超出想像，而備受感動。

第二是除了型錄與展示機之外，還要準備各式各樣的資訊與資料，讓客戶更加理解此商品帶來的效果。最具代表性的是，成功對應客戶困擾並大幅提高生產力的「經典案例集」。有了實際案例，企業客戶也能更容易理解具體的效果。

庫。

④支援業務的學習資料——工程手冊與其他公司商品的比較

促進銷售小組的下一步是，替業務人員準備學習企業客戶知識時有用的參考資料或資料庫。

拜訪企業客戶之前，至少要與企業客戶在基本製程或技術上擁有同等的知識水準。這時能夠有效學習的教材就相當關鍵。

雖然實際做法會因不同事業部而有所差異，但接下來我以感測器為例，簡單說明企業客戶在製程中主要使用的商品。首先，要準備「工程手冊」，就是簡單說明半導體、汽車、電池、液晶等不同客戶業界製程的相關內容。業務人員只要預先閱讀準備，便能在拜訪客戶前，充分掌握製程相關知識。

促進銷售小組也會安排技術出身的員工，製作讓客戶簡單易懂的技術手冊。有時也會為了讓業務人員能夠確實理解高深的技術，並有效向客戶說明，而製作技術解說手冊。

另外，也會準備其他公司的商品資料，讓客戶能夠同時與基恩斯的商品比較。為了讓業務人員提出具高度說服力的方案，有必要比較其他公司商品，說明自家商品的高價值。

具體向客戶說明，即便基恩斯的商品售價較高，但企業客戶能夠享受到的經濟價值會比其他公司的商品還要大，而且性價比也高。如此一來，客戶可以不用自己著手調查，就能夠迅速決定購買。再者，這對客戶而言，不僅能刪減調查、比較的成本，也不會因為延遲購買而產生機會損失，進而直接聯結獲利提升。

相反地，若其他公司的商品，對客戶提升經濟價值的貢獻較大時，基恩斯就不要強硬推銷自家商品。比起販售，基恩斯更重視的是真正的顧客價值（獲利提升）。

如上述，促進銷售小組在支持基恩斯的高階業務活動上，擔任極為關鍵的角色。但在其他的生產財企業當中，幾乎看不太到能夠如此有效提出策略的業務協助單位。

至於促進銷售小組所使用的業務支援工具，將在下一章節透過業務人員實際應用於解決方案提案的過程，進行詳細解說。

5 商品開發人員不只是技術人員

方才已說明過業務單位底下的銷售辦事處與促進銷售小組，接下來要闡述基恩斯商品開發單位的組織。如同本章開頭的圖表4-2所示，新商品開發單位是由商品開發小組與商品企畫小組所組成。

①新商品開發組織——沒有「技術人員」

各事業部底下也分別都有新商品開發組織，也就是說全公司總共有九個商品開發小組和商品企畫小組。感測器或顯微鏡等各事業部會聚集具有該商品專業的優秀人才，逐年提升該領域的商品開發能力。

先前提過基恩斯將事業部分別安排在總公司大樓的各別樓層，而基本上商品開發人員也分布在總公司的各樓層，密切與各部門合作。但若是執行耐久性測試或確認試作商品等工作時，就需要較大空間，便會在總公司附近的品質實驗室（Quality LAB，設立於二〇〇九年）進行。另外，二〇〇一年更在東京台場額外設立了研究所，此處也與總公司的座位安排方式相同，是分別以各事業部的活動為中心。

新商品開發的目標，當然是希望能做出超越顧客需求的優良商品，期盼發明能提升客戶生產力及直接引發獲利提高的高經濟價值商品。基恩斯並不會直接提供客戶他們想要的商品，而是結合商品與解決方案，創造更大的綜合性價值。

為此，他們不會直接詢問顧客需求，而是仔細觀察、請教與客戶使用想要商品現場有關的一切，從業務整體目的到製程、商品開發過程。並在這基礎上，提出超出客戶設想，能夠提升生產力或降低成本的商品提案。就如前述，業務人員也是依照此方針在做事，全公司皆貫徹一致做法。

另外，在本章節一開始就已提及，基恩斯為了達成提供綜合性價值的目標，會使用「商品」而非「產品」一詞。基於同樣的理由，一般會將擔任商品開發人員的技術性人才稱為「技術人員」，可在基恩斯卻絕對不會這樣稱呼。因為在基恩斯的職責分配中，他們並非只是利用技術來設計、開發商品，而是開發顧客價值高的商品，所以並不是技術人員，而是「商品開發人員」。許多商品開發成員畢業於最難考上的研究所，專攻工學、理學，負責最先進的技術開發，所以即便大家閱讀時可能有幾處些微不合的感覺，但本書也是遵循此規則，絕對不使用技術人員的字眼，而以商品開發人員來稱呼他們。

② 被低估的技術能力

即便在新商品開發領域，整合技術與解決方案的綜合性價值相當要緊，但從歷史層面來看，可以說每一年最先進技術帶來的貢獻比例逐年增高。在營業額或收益金額較低的一九九〇年代為止，要雇用許多畢業於一流大學的技術人才，其實相當困難。

即便如此，基恩斯自創業以來在特定領域展現的技術能力，已經稱霸整個業界。當時有位董事就有自信的說明：「特別從商品技術的成熟度、功能性或高品質來看，我們甚至有很多地方超越了大型企業。」看起來基恩斯對技術的執著還是有占優勢的地方。基恩斯創業初期就具備足以誇耀全世界的創新技術，我將在第6章具體說明，請各位參考。

至今基恩斯的市值總額已進入日本企業前五強，也成為大家想應徵的人氣企業，因此能夠招募許多日本國內的優秀技術人才。另外，隨著年年事業的成功與成長，經歷過許多開發專案計畫，技術能力也得以急速積累，因此更是增加了許多足以自豪的技術領域。

基恩斯在業務能力或解決方案的提案能力上表現相當突出，但技術能力卻常常被低估。然而事實上，他們從創業期就已具備相當高的技術能力，而且現今在許多領域具有的技術更是世界一流。舉例來說，最具代表性的是顯微鏡或影像感測器等重要的光學技術，以及影像處理的軟硬體技術，或是活用於印刷或感測器的雷射技術。型錄上也滿滿都是世界第一或業界首創的技術。

此外，他們自創業時就集中發展小型化技術，現已成為公司獨家的強項。不僅如此，為了打造出壓倒性好用的商品，在易用性的相關技術上也是稱霸業界。

接著，我要說明基恩斯之所以能展現突出的解決方案能力，背後大多有強大的技術能力支援。

③綜合性價值（功能性價值＋意義性價值）下的商品開發與業務的職責

即便在因近年技術力特別強大發展而占優勢的領域中，基恩斯也不會只基於商品擁有極為突出的功能性價值，就選擇開發或導入。基恩斯經常追求的是讓特定企業客戶使用時，能夠享受到意義性價值。特別是提出能刪減人員人數或降低成本、縮短時間等促成經濟價值的解決方案。

如圖表4-4內容所示，分析顧客價值（綜合性價值）後發現兩個重點。

一是從圖表縱向顯示，商品的顧客價值目標是，結合功能性價值與意義性價值（解決方案價值）的綜合性價值。而在這裡尤其重要的是，如同圖表右側呈現，綜合性價值是由商品開發與業務所共同創造，而不是指商品開發透過技術帶來功能性價值，而業務透過解決方案帶來意義性價值的職責分擔。商品開發也會在提供解決方案上給予極大貢獻。

第二，圖表中往右側移動顯示，當技術程度愈高，不光是功能性價值，就連意義性價值（解決方案價值）也會跟著連動，進而擴大。實際上，每年基恩斯皆確實迅速往圖表4-4右側發展。從結果來看，透過功能性價值與意義性價值的相乘效果，兩兩相加的綜合性價值有了極為顯著的擴展，而這也造成過去十年以上，基恩斯創下驚人的業績成長。

其他以提供功能性價值為主的生產財企業，若商品開發的技術提升，大多只會對功能性價

圖表 4-4 商品開發和業務在顧客價值中的角色

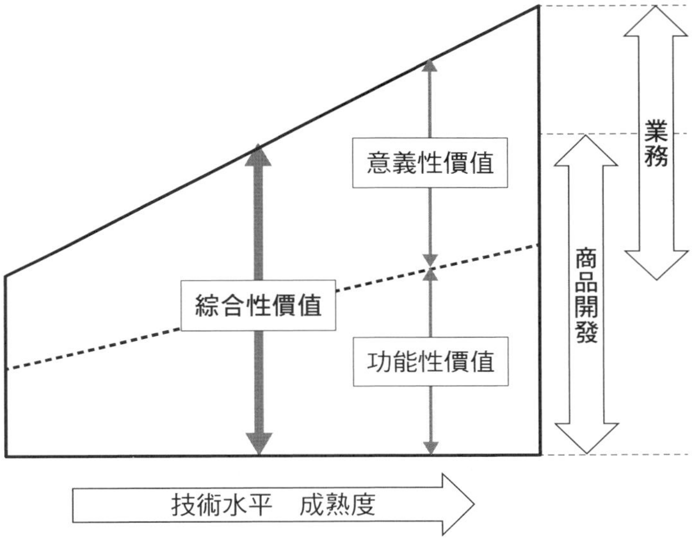

（出處）作者製作

值的提高有所貢獻。

④商品開發與解決方案的協同效應──技術的槓桿

前面提到了功能性價值與意義性價值（解決方案價值）的協同效應，接下來我將透過圖表4-5來說明其產生的過程。

首先，基恩斯在商品開發上，經常選擇提供給企業客戶，同時具備右上的功能性價值與意義性價值，且具高度綜合性價值的商品。藉由提升綜合性價值，能為客戶帶來更巨大的經濟價值。

也就是說，基恩斯並不會如同

圖表①的箭頭般，僅透過技術改革提高功能性價值。而是透過提供更多樣的解決方案、放大可能性，以已開發的創新技術為槓桿，帶來更大的顧客價值（綜合性價值＝經濟價值）。

商品開發人員在著手技術開發時，會時常調查、評估與技術創新連動，能夠提升客戶經濟價值的可能性。商品企畫小組與商品開發小組會共同協力合作，清楚掌握企業客戶的製造現場，並盡可能以替更多企業客戶創造更大的經濟價值為商品開發的目標。當某項商品開發在功能上有所提升時，因為能為企業客戶提升多少經濟價值隨使用那款商品的企業而有所不同，因此必須仔細觀察客戶的現場情況。

例如，即便是同等級的小型化感測器，會產生在安裝或使用上更加簡易的直接效果，或者因為能夠打入原先因體積過大，而不適用的特定製程，而達到製程本身得以全面創新的成果，這兩種案例所帶來的經濟價值就截然不同。基恩斯的商品開發，正是以後者為目標，期望能夠儘量找出更多的客戶，並開發對他們而言最適當的商品。

此外，商品開發人員在追求商品綜合性價值的同時，也會善用業務團隊最強大的解決方案能力，並以在業務階段最容易更進一步發揮協同效應的商品開發為目標。商品開發也會與業務共同合作，期望讓顧客能夠享受經濟價值的最大化。

首先，每當開發、導入新技術或新功能時，業務人員為了能夠向客戶提供最龐大的經濟價

圖表 4-5 技術與解決方案的協同效應：提高綜合性價值

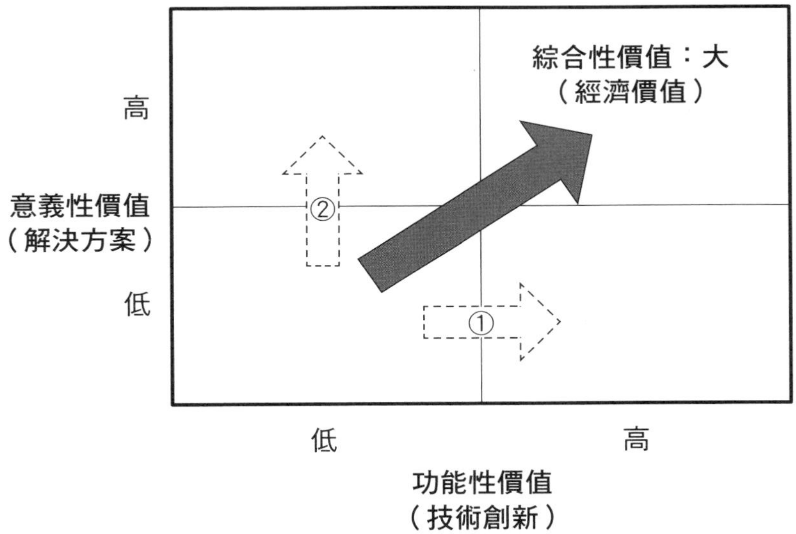

（出處）作者製作

值，經常會一直調查，做好萬全的準備。最大限度善用因技術創新而實現的新功能、小型化或好用等益處，不斷摸索找尋能夠放大企業客戶經濟價值的解決方案。

另一方面，商品開發人員重視的是，能夠讓業務人員下功夫、順利提案，就能夠大幅提升企業客戶經濟價值的商品功能。同時，業務人員則以不僅適用於特定客戶，也能夠向更廣大的企業客戶群提供高價值提案的高度靈活性商品為目標。

因為基恩斯的業務人員能力超群，即便是一般企業都難以向企業客戶說明精密且複雜的商品功能，他們都能夠賦予高度的顧客價值。正因如此，在商品開發層面能夠想到善用業務的解決方案能力，就能產生更大的效果。

就結果而言，只要新商品的功能性價值提升，連帶業務提出的解決方案價值也會水漲船高。比起直接利用技術對應顧客價值，透過槓桿效應更能達到雙倍的效果。

即便大多時候業務或解決方案能力被過度誇讚，但在新商品開發上，若毫無技術創新，很少像圖表4-5的箭頭②一般，能勉強創造出解決方案的價值。近年來技術能力大幅提升之下，大家經常會以活用技術為基礎，產生協同效應為目標。

秉持上述方針，新技術開發若能帶來大型經濟價值，公司的財務成果就能進一步投資在新技術開發上。就製造業而言，產生這種良好循環正是最為迫切的課題。

由於基恩斯企業的商品開發人員並非研究人員（scientist），而是開發商品的技術人員（engineer），理所當然會以顧客價值的最大化為目標，但是許多企業卻做不到這一點。基恩斯的商品開發人員大多畢業於門檻最高的技術型研究所，但我能夠理解他們絕不使用技術人員稱呼的堅持，那是因為技術只是為了達到目標的手段罷了。

最重要的是，業務與商品開發是否朝著相同目標前進。多數企業都理所當然認為從長遠觀點來看的技術及商品開發目標，與執著短期數字的業務目標之間存在著差異，但基恩斯強就強調兩者完全不會讓人察覺其中有隔閡。對於想要做出「優良商品」的技術及商品開發，以及配合顧客需求希望「賣出更多」的業務之間沒有目標差異，因為基恩斯所有員工都是以企業客戶的獲利提升為目標。

6 商品企畫小組和商品開發小組各司其職

商品開發小組和商品企畫小組會共同著手新商品開發，其流程是先由商品企畫小組提出商品概念，再由商品開發小組實際著手設計開發。不過，我希望各位了解的是，在基恩斯真正的商品開發流程中，都是兩組協力合作、共同完成。

這兩組的負責人皆擁有豐富的顧客價值或商品價值的知識，只不過程度有差異。商品企畫負責人中，有不少人曾擔任業務或任職於促進銷售小組，因此對市場或客戶的理解較為詳細。因為商品企畫以顧客價值最大化為目標，所以為了達成任務，必須對客戶瞭若指掌。另一方面，商品開發小組就更不用說，幾乎所有成員都有技術背景，更是對最先進的技術有很深的認識。

組織流程上，會先由商品企畫小組提出商品概要、目標顧客或利潤幅度等提案。除了企畫提案之外，商品開發小組自成功開發出商品到引進市場為止，都會與商品開發小組共同參與推動專案。

① 商品開發小組

在各事業部負責新商品開發的是商品開發小組，而帶領此部門的則是商品開發小組的負責人。雖然名片上的職稱是「商品開發小組組長」，但在公司內部會被稱為商品開發小組負責人。另外，因為基恩斯是以各事業部區分，因此負責人總共有九位。

商品開發小組負責人，需要安排、管理各種商品開發專案，而各專案會安排各自的專案負責人。

專案成員分成硬體或軟體的設計開發人員。基恩斯商品開發專案的特徵，就我多年在眾多企業進行調查發現，專案成員人數極少。與其他業務相同，商品開發小組的招募也是採取必要、但最少數量的方式，希望招募能力極端優秀的人才，藉此有效果、有效率的推動業務。

由此可知，商品開發小組並非專門看重技術，而是一個有志於投入商品專案的組織。首先，九個事業部門以商品領域區分，再來事業部底下並非以基本的電力、光學、結構或軟體等專業功能領域來區分，而是以不同商品開發的專案活動為中心發展。

因為專案人數極少，所以進公司幾年就有可能被安排負責像開發特定功能商品或零件系統等工作。這種做法是在實踐透過安排員工工作來培養人才的培育方針。以工作中培訓（On-the-Job Training, OJT）的培育負責人為中心，有困難的時候，專案成員或前輩都會仔細給予建議。正是透過此做法，便能盡早培養出具有自主性的開發人員。

在專案當中可以學習多種技術領域的知識，也能夠趁年輕時歷練軟硬體的經驗。因此，除了自己原先身處的技術領域之外，也能夠成為優秀的商品開發人員，獲得急速成長。

商品開發人員也必須多多學習企業客戶的知識。善加利用各種機會，拜訪企業客戶，向客戶最大限度的學習現場的工作流程或困擾等。此外，也能從位於總公司同樓層且熟悉企業客戶現場的促進銷售小組成員身上學習到許多。更甚者如下所述，一同著手商品開發的商品企畫小組，對市場及客戶的資訊也相當熟悉。在開發商品的過程中，學習企業客戶知識的流程，我將在第6章商品開發流程中的一環，進行詳細介紹。

②商品企畫小組

從商品開發觀點出發，持續調查並評估是否能夠提供更具創新或顧客價值更高的商品，正是商品企畫小組的職責。如同促進銷售小組在銷售擔負的職責一般，商品企畫小組在商品開發方面，思考如何戰略性、創造性的創造顧客價值最大化。

商品企畫小組需要對所有的商品技術與對客戶的提案兩者都瞭若指掌外，也需要具備能夠將兩者的綜合價值，整合在新商品的構思能力。他們熟悉各業界潛在顧客的工作流程，也是善於建立商品策略的人才。此外也必須有創意，能發想新商品。即便在基恩斯中，特別會將具備此類商品企畫能力的優秀人才，任命為商品企畫小組。

因屬機密資料，所以我無法揭露包含人數在內等的詳細數字，但唯一可以說是這個組織並不大，各事業部的商品企畫小組最多也不超過十人。

因此，從一般企業的觀點來看商品企畫小組，或許會認為這屬於菁英的職位，但基恩斯對此職位的解釋是這並非依據能力高低所安排，單純是職責分擔。被拔擢為商品企畫小組的人才也並非躋身較高的位階，而是本身就適合商品企畫。

跟商品企畫小組是否為菁英相比，基恩斯的重要特色是不光仰賴個人資質，而在於打造出這種培養人才的基礎制度。因為，所有功能部門（業務、促進銷售小組、商品開發小組）的目標，都是希望能夠透過客戶的獲利提升，達到附加價值的最大化，所以自然而然就能培養出能夠思考、發想卓越商品企畫的人才。

有趣的是，商品企畫小組作為商品開發的戰略團隊，獲選的成員當中有一半是文組畢業且曾擔任過業務（或在促進銷售小組裡工作）。而且回顧過去，據說許多優秀的商品企畫人員，大多都是業務或促進銷售出身。

優秀的業務人員能夠每天解決客戶長久以來的問題，並提供更有效率的方法提案，而這都需要具備各式各樣的客戶相關知識及解決方案的提案能力。

此外，正因為擔任基恩斯業務，所以進公司後，就會需要徹底學習事業部所負責的商品及技術。基恩斯業務即便無法獨自進行強度分析或製作設計圖面，即使並非技術出身，但對於商品技術依舊有相當程度的了解。所以就算被選為商品企畫人員，在技術有關的能力或知識上都不會有太大問題。

因此，優秀的業務人員，必然會具備身為商品企畫所需的所有能力。

另外，當然也會有商品開發出身，且對技術相當熟悉的商品企畫人員。他們非常適合從創新的技術想法中，發想新商品。而經歷上述職涯的人才，大多會利用前面提及的ＣＤＰ制度，在促進銷售小組待個半年時間。

一般而言，若只是需要單純擅長商品企畫的人才，應該不需要具備技術人員出身的條件。在這裡舉特別突兀的例子，那就是蘋果公司的賈伯斯，以及百慕達創辦人、被譽為日本賈伯斯的寺尾玄，他們兩位都具備優秀的商品企畫能力，也都沒有受過專業的技術教育。

就算學習了商品企畫需必備的技術知識，也不一定有必要擁有特定技術的深奧知識。相反地，為了追求真正的顧客價值，只學習特定領域的專業技術知識，反倒可能成為絆腳石。

即便如此，商品企畫人員還是需要具備基本技術及最新技術趨勢的知識，尤其需要有能力判斷新技術是否與顧客價值有關、是否有未來潛力。就像賈伯斯具備極佳判斷力，據說他在帕羅奧多研究中心（Palo Alto Research Center）看到滑鼠的樣品機後，就立刻決定採納這項商品。

因為此為商品開發的相關部門且處理相關工作，若跟商品企畫相同，依照過往慣例從技術人才當中挑選，便會導致不必要的範圍縮減。正因為商品企畫職位相當重要，為了招募到真正優秀的人才，最好能擴大招募。

專攻製造業的一流戰略顧問人才背景也會分為文科（經濟、法律等）及理科（工科、理科）兩種。但製造業的商品及技術、戰略到了一定高度，無論文科或理科，只要擅長戰略或企畫構思提案的人才都能活躍於工作。

7 透過商品開發與業務，實現SEDA模型

如前章節的理論解說（圖表3-6），現在需要的是運用ＳＥＤＡ模型整體來整合創新。基恩斯的商品是由商品開發小組和商品企畫小組，以及業務團隊攜手合作所打造，幾乎可以以整個ＳＥＤＡ模型囊括。尤其先前也提到，商品開發與業務團隊會協力在ＳＥＤＡ模型左側的功能性價值（Science／Engineering）和右側的意義性價值（Design／Art）之間，創造協同效應。

近年來特別在創造功能性價值層面，不光是工程而已，連開發應用技術的科學領域方面也強化了許多。即便不進行與商品無關的基礎研究，也能導入許多「世界第一」的創新技術，在研究開發領域也能確實發揮突出的競爭力。而且，因為基恩斯的語源來自科學之鑰（Key of Science），所以堅持這個方向是應該的。

位於ＳＥＤＡ模型右側的設計和藝術，代表著意義性價值，也是象徵基恩斯的強項領域。首先，在設計領域，業務人員和促進銷售小組透過發揮高超的諮詢能力，提供其他公司無法比擬、商品運用方式等的的解決方案價值。再加上先前也提過，就算是商品開發，也包含開發新功能，和開發出對顧客來說的良好使用體驗（易用性）或小型化，這也能引發顯著的生產性提

升商品。另外，外型簡單、充滿功能美感的特殊設計，也受到顧客的高度評價。

最後的藝術領域，更是基恩斯格外擅長的。我會特別在第6章具體說明，至今基恩斯如何持續透過藝術思考來開發商品，不斷開發出遠超過企業客戶想像的嶄新概念商品。而能夠充分在此領域發揮能力的，正是經常專門的、根本的檢討這種創新商品的商品企畫小組。商品企畫小組與商品開發小組會一同提供，超越企業客戶具體需求或煩惱的創新解決方案。

另外，業務團隊也是因為有促進銷售小組的支援，才得以頻繁提出就連企業客戶窗口也完全沒查覺的生產力提升方案。而業務的解決方案也涵蓋了藝術思考領域。

8 小型總公司的功能

最後要介紹的是基恩斯總公司的組織，其最大的特色在於很小型。九個事業部分別就像是具備高度專業能力，能夠創造極高收益的中小型企業組織，因此附屬而來的總公司功能相當有限。

全公司都應達成的經營方針和事業部組織架構都已建立完成，長年來各事業部皆確實實施。所以，現在也沒有大幅改革全公司經營策略的必要。

目前與九個事業部有關的，像是新事業的追加或撤退相關的策略，與其說是依據全公司的長期策略所決定，倒不如說基本上也是自然發展、進化而形成的組織架構，這一點我命名為「進化組合策略」，因此總公司也不需要有強大的策略部門。接下來我會針對這點，進行具體說明。

①總公司的管理部門——財務、人事、公關廣告等

先從一般設立於總公司的管理部門開始說明。

與一般企業相同，總公司的員工有財務或會計部、資訊系統部和人事部。

由於財務及資訊系統不能只隸屬於事業部，需要由全公司整合，所以當然必須設立在總公司底下，而人事也是總公司的管理範疇。重要功能皆轉移至事業部的情況下，招聘業務依舊是全公司一同進行。這是因為，至今為止提及的經營方針適用於所有事業部，依附其下招募的人才樣貌當然也是共通的，所以沒有必要由各事業部分開進行。

另外，總公司有一個統整全公司公關及投資者關係（Investor Relations，IR）活動的部門。這項業務不直接為事業部的價值創造帶來貢獻，包含廣告活動皆由總公司一併處理。不過，對

各事業重要的商品宣傳等，則由各事業部的促進銷售小組執行。

此外，還有一個管理、協調橫跨九個事業部的重要部門。但經營上的決策或營運相關作為由各事業部主導，所以總公司的管理部門不會以公司策略為由，直接、強制進行統籌及管理。

事業部間因業務或行銷關係而需要調整時，日本國內由「事業推廣部」，國外則由「海外事業強化部」來負責。例如，要推動超越原有事業部的制度與規定時，像銷售辦事處的管理，又或是要舉辦全公司的宣傳活動等。

與商品及技術開發相關的「開發推廣部」位屬總公司底下，同樣也是橫跨所有事業部門，主要負責調整或管理標準化的業務。

由此得知，公司整體策略尚未受重視，因此總公司部門的主要職責，與其說是制定策略，倒不如說是以調整組織規則等管理層面上的業務為主。作為總公司的部門不會統整各事業部、檢視全公司策略，也不會指示各事業部未來的方向。

②製造技術與採購

製造技術與採購功能並非以事業部區分，而是被定位成總公司的職責。基恩斯雖然是沒有工廠的無廠公司（Fabless），依舊致力於發展生產技術。總公司會主導代工廠的生產技術開發及品質管理。我接著就此進行簡單說明。

一般來說，委託製造分為兩種做法。一是只以獲取製造產能為主要目的，包括生產技術在內「全部交出去」的代工生產。二是借用代工廠的工廠製造設備跟作業人員的勞動力，由自家公司主導重要的生產技術及品質管理。與其討論哪一種方式比較好，倒不如說應該依據委託製造的目的來選擇。

基恩斯採用後者，也正因如此得以較早成為知名的無廠公司。我將基恩斯當成優良製造企業的案例介紹時，就曾受到質疑，有人批判「嚴格來說，無廠公司應該不算是製造商」。但實際上，基恩斯比起一般的製造業，更加重視生產技術及製造。其中更有許多負責生產技術、生產企畫或品質管理的人員，且具有相當高階的生產管理能力。

基恩斯就曾推出使用世界第一技術的商品，或是打造搭配超小型感測器等難以量產的商品，而這都是需要獨家的製造技術開發能力，才能做到。

另外，如同第2章所提及，基恩斯自創業以來一直遵循當天出貨的方針，為此必須擁有能夠高度整合多間代工廠且嚴謹的庫存管理能力。由此可知，他們相當重視生產計畫及管理能力，並不斷致力於強化。

而其中一部分較為機密且需要高度專業知識技能的商品製造或製造設備設計，都是由基恩斯的子公司（Keyence Engineering股份有限公司）負責。

這種重視製造技術開發的委託代工策略，與蘋果有許多相似之處。例如，蘋果也是長年以來專心致力於生產技術，每年持續進行近新台幣四千三百多億元的設備投資。他們會在公司內部檢視重要的製造技術及設備之後，由自家公司購買設備，再外借給主要的委託廠商像鴻海（Foxconn）等代工。

例如，象徵設計之美的鋁切割加工的創新工藝「一體成型」（Unibody），從生產技術的設計探討，至購買發那科（FANUC）的「小型切削加工器」（ROBODRILL）等製造設備，皆由蘋果主導實施（延岡，2021）。

無論是蘋果或基恩斯都是重視生產技術的製造企業，卻被印上無廠公司的烙印而容易遭受誤會，兩家公司在這方面的遭遇也相當類似。

至於委託製造由總公司橫跨數個事業部進行管理，因此。若要構思或開發生產技術，就需要從高於事業部的觀點著手。

雖然基恩斯是無廠公司，卻也相當重視採購。由於商品使用的零件或材料，無論在製作技術或品質上都影響甚鉅，因此大部分的零件、材料都不是全權交給委託製造商負責，而是由基恩斯自行評估、進行採購。而需要創新技術時，也會出現與優良零件企業共同開發、製造的情形。

再加上，比起委託製造商各自購買零組件，倒不如基恩斯整批購買更能達到量產效果。由此可看出，採購與開發生產技術一樣，都屬於總公司的重要功能。

③不需要全公司的長期策略（中期經營計畫）

至今我簡單說明了總公司的功能與所屬部門，但基恩斯卻少了一般日本企業常見、設置的經營企畫或經營策略部門。另外，在多數企業可見的「中期經營計畫」在基恩斯也不會出現。

這是基恩斯自創業以來，從未改變、維持至今的方針。即便未制定全公司的中長期策略，在營業額與利益兩方面卻都能在三十年間持續創下驚人成績，並達到急速成長。

那麼，為什麼沒有制定中長期策略的必要呢？一般而言，設定中長期策略有兩種目的，一是呈現清晰的未來展望與策略，以及設定確切的營業額及利益的數字目標。第二則是從中長期策略中衍生出業務組合變更及組織變革。

第一項基恩斯未來經營展望的策略構想、核心能力與優勢，早已奠定並落實在穩固的策略基礎上，所以不需要定期修訂。

基恩斯揭示的具體策略展望，因各事業部的領域劃分明確，是由商品開發與業務共同執行，以創造並提供巨大的顧客價值（透過解決方案提高獲利）為最優先事項。其中，獨家且高超的商品企畫、開發能力，與直接販售、諮詢顧問的業務能力都扮演非常重要的角色。藉此策略就能以最少的資本與人力，實現附加價值的最大化。

此經營方針自創業以來近半世紀，基本上都沒有任何變動。從業績來看依舊維持良好的表現，也不見未來可能產生什麼具體的風險，因此也不需要變更。此外，這套經營方針不僅不會過時，就現今的生產財企業來說也相當理想，可說是這個經營方針領先群倫也不為過。

再加上，此策略內含每日提升解決方案提案能力的學習架構。因此，獲利能力也會不斷提升，未來更有可能因為競爭力的提升，讓獲利更上一層樓。

綜合考量下，基恩斯自然會認為不需要重新定義適用於全公司中長期策略的經營方針，而在不遠的將來也不會主張基本的經營方針有變更的必要。

另外，在這巨大的策略架構下，若有中長期應建立的強項或技術，都會在事業部內評估。事業部內以事業部負責人為中心，並與促進銷售小組和商品企畫小組一同深思熟慮並檢視。

基恩斯之所以不設定幾年後的營業額及利益目標，也是因為這麼做不具太大意義。重要的是，時常將附加價值最大化視為目標並謹記在心，成果自然就會反映在營業額及利益上。在基恩斯不會有在形式上勉強，制定中長期數字目標的想法。

這或許與棒球選手訂定今年要達到十勝或三成打擊率的目標，卻不會影響實際成績有異曲同工之妙。每日透過正確方法竭盡全力努力實行，長期積累就會形成巨大成果。相反地，僅僅設定中長期的目標數字，就誤認自己能夠確實付諸實行，而陷入自我滿足的企業比比皆是。

再加上，基恩斯相信經營環境不斷變化，未來無從預測。因此，商品及組織皆需要因應環境變化，隨時準備、隨之改變，由此得知以數字制定長期目標並非好事。

④進化組合策略

一般公司制定中長期策略的另一項重要任務為，評估及決策是否進入新事業領域或執行業務重組等。基恩斯對此建立了一套架構，可以不用仰賴總公司的「中長期策略」進行討論、決定。

就過去二十年期間，基恩斯不僅營業額翻倍，更是追加了幾項新事業。與其說這些變化是基於公司中長期策略所先行制定和決策的，倒不如說是各事業部門考量周遭事業，以及未來自家公司與客戶、社會的情況，並在追求更多附加價值的可能性之下，自然增加的說法較為正確。比起組合策略的創新，進化成長的說法更加合適。

例如，在創業後較早進入的ＰＬＣ事業，也是廣泛且靈活評估感測器事業的高附加價值所得出來的結果。在工廠自動化上搭配感測器使用，因應其量測結果，對包含前、後製程實施自動化，對提高生產力已有明顯貢獻。例如，當感測器偵測到不良品時，若能透過ＰＬＣ控制自動排除，感測器帶來的附加價值便會倍增。

較晚成立的瞬捷量測事業部所負責的「影像尺寸測量儀」，也與既有事業部門的顯微鏡及光學顯微鏡有關，這是為了提高顧客價值而開發出的商品。因為基恩斯判別出，活用影像尺寸測量儀就能在短時間內測量複雜的目標物，聯結眾多企業客戶人力及成本的削減。

近年在新展開的「３Ｄ列印事業」裡，正是在原先噴墨印表機及雷射刻印機中，因具高附加價值而開發出相關商品。而這單純是基恩斯在各個事業部尋找，為了提升企業客戶的生產力及品質，創造龐大顧客價值新商品的結果。

如上所述，從ＰＬＣ開始，到影像尺寸測量儀到３Ｄ列印事業，都是基恩斯在尋找高附加價值（企業客戶的經濟效益及性價比）商品的過程中，自然新發展的事業，而這應該可稱為進化組合策略。他們並非像一般的製造企業，會事先決定長期策略的方向，擬定××年過後再成立新的〇〇事業的策略。

這類策略之所以重要，與其說是基於公司的長期策略，倒不如說這表現出基恩斯為了提升事業部所負責商品的附加價值而探索方法的態度。在各事業部都需要從策略角度，廣泛且靈活思考如何擴大顧客價值，而具備此項能力的人才會被提拔至事業部負責人或商品企畫小組。

這種做法與我先前調查３Ｍ的核心技術策略（將特定技術領域當成企業核心競爭力的策略）類似（延岡，2006）。基恩斯每年有策略性的一點一滴增減全公司將近五十項的核心技術。與其事前擬定長期策略，勉強增加特定核心技術領域，倒不如在目前的事業及技術發展形式的基礎上，持續進化。

例如，運用既有的核心技術，進行多種商品開發，就會留意到有很多使用影像解析軟體的機會。這時就會評估是否需要新增，以人工智慧（ＡＩ）分析影像或動畫的「電腦視覺技術」（computer vision）為核心技術。

策略成功的企業就不大有必要勉強建立所謂的「長期策略」，反之即便在長期策略當中，訂定要在幾年之後展開新事業，能否成功的的不確定性很高。

也就是說，多數企業認為必須有遠見的建立所謂的長期策略，但是我認為也應該檢視不同的想法及做法。３Ｍ與基恩斯都是在發展既有的事業及技術的形式下，就持續長達幾十年的長期繁榮。此外，藤本（1997）則提及，正如豐田汽車的成功因素被強調為進化能力，它也從一九七〇年代起將近五十年，透過相同的策略，實現了高度發展。

不過，就一般的企業而言，本有必要按照慣例，數年一次驗證形式上整理的中期經營計畫，實際究竟為長期性的成功貢獻了多少。或許你會發現許多企業的經營戰略部門或中期經營計畫都僅淪為形式，並沒有帶來什麼重要貢獻。

實行中期經營計畫需要公司配合調整，也會需要非常多的執行人力與時間。從結果來看，應該大多為不符合性價比的案例。基恩斯總是要求員工跨越慣例及常識，從零基礎絞盡腦汁思考。他們就是一間不執著於業界常識或形式，只追求本質的公司。

第 5 章

支援顧客價值創新的解決方案部隊

● High Value-Added Management at Keyence

1 尋求真正的顧客價值——高經濟價值與性價比
2 全方位培養業務的解決方案提案能力
3 建立顧客價值創新的良性循環
4 維持良性循環的背景

我們在前一章節，說明了組織架構與制度。在之後的兩個章節（第5及第6章）將會穿插實際案例，具體介紹每日實際執行的營運流程。本章將聚焦於業務及行銷，下一章則以新商品開發為焦點。

生產財企業理所當然且需要清楚將能夠提升企業客戶生產力及獲利的提案設為目標，但卻鮮少有企業能夠做到這一點。本章把重點放在以業務為中心的解決方案部隊，說明基恩斯為何能精益求精。

1 尋求真正的顧客價值——高經濟價值與性價比

① 以增加企業客戶獲利為目標的過程

我們常聽到企業宣稱自己重視用戶需求，或者正在實施顧客導向的經營，但大多數情況這種說法都過於抽象。許多公司做到的程度只是單純聽聽企業客戶或銷售代理商的意見，或實施大規模的市場調查，並將結果交給商品開發或業務參考而已。以客戶為主體的營運執行或反應方法沒有一貫性，無法達到大幅提升商品收益的結果。

此外，即使被動解釋顧客或市場分析的結果，卻無法順利提供符合從中獲取的顧客需求而打造的商品，這樣做僅僅是增加多少銷售量的程度，難以產生極大化的利益。近年來，這種方式立刻被捲入過度競爭的情況經常發生。而這就是新商品開發與業務、行銷兩方面都會遇到的共同問題。

另一方面，基恩斯全體員工在平時的業務活動當中，都會不斷追尋能夠「大幅提升客戶利益的商品與解決方案」。他們屢屢探討，如何更改製造或開發的流程，才能讓使用自家商品的企業客戶更能提升生產力及獲利。

他們提供解決方案的內容，並不只是被動因應顧客的需求或困擾。基恩斯的接洽窗口會前往許多企業客戶的現場學習，提高解決方案的專業性，並善加利用知識與能力，提供超越顧客需求的提案。

提升企業客戶獲利之效果，可從減少對方人力或節省時間上掌握。因此，只要有客戶的製程或開發業務相關的詳盡資訊或知識，就能大致設立目標。再者，每天評估達成的標準，又能反映至業務活動當中。

再加上，客戶通常都會以性價比來決定支付價格，因此也可從顧客願意購買的價格來推測企業客戶獲利增加的幅度。

實際能夠大幅提升企業客戶獲利或生產力的商品，與客戶單純想要的商品大多有差異。基恩斯在開發或銷售商品時，也會跟一般企業相同盡量考量是否有更多的企業客戶想要購買此商品（有需求的商品），只不過，他們更加重視能為各別企業客戶帶來多大經濟價值規模。因此，若僅考慮能夠為客戶帶來龐大的銷售量，基恩斯並不會進軍市場或銷售。他們追求的是，能為眾多企業客戶帶來龐大經濟效益的商品。

具體來說，基恩斯並非直接提供顧客想要的商品，而是先請顧客告知考慮購買商品（例如感測器）相關的整體業務流程及最終的使用目的。再以此為基礎，善用積累的諮詢顧問業務能力，提出超越顧客想像且能夠透過提高對方生產力或降低成本的提案，使客戶獲利提升的商品。最後就能帶給企業客戶最有益處的商品及解決方案。

對生產財企業而言，將企業客戶的性價比最大化是最應該重視的目標，但為何一般企業卻無法做到呢？最大的阻礙因素是，他們並不具備足夠的企業客戶現場相關知識，因此無法將企業客戶的經濟效果設為明確目標。正因為無法設定為目標，在多數情況下理所當然無法充分對客戶獲利增加有所貢獻，因此無法像基恩斯一般提升業績。

②掌握、清楚說明產品能提供客戶多少的性價比

為了提供讓企業客戶增加獲利的提案，必須盡可能具體明示購買效果顯著的性價比。若是業務人員，從新進人員的教育訓練開始，就會接受大略計算性價比及發展提案的方法。例如，在特定的企業客戶現場，針對所需人力從五人降至三人，或是所需時間從五小時縮短至三小時，學習如何計算性價比及提案。

提案時，最重要的是開展出能夠讓客戶簡單易懂的故事。基本上，這應該與企業客戶公司內部購入、接受的故事版本相同。例如，可以更加具體說明「雖然價格是一百萬元，但將多種原因列入計算後，發現能夠減少兩百萬元的成本，所以應該購買」。這種說明方式，應該同樣能夠適用於企業客戶內部的採購流程。

企業客戶也會經常留意要進行性價比較高的投資或採購，因此也可說是以提案代替客戶的決策流程。此種提案方式是在告訴企業客戶，如果不購買商品反倒會造成損失。而這與盡力跑業務，無論數量多寡都希望顧客至少買一點的想法及做法截然不同。

近年來，基恩斯增加了不少以租賃銷售（sale lease）商品的機會，這種時候計算性價比會比較容易獲得顧客的理解。比較每個月的租賃費用與降低的成本，將數字單純化能夠大幅增加顧客的理解程度。

企業客戶能夠享受的性價比，會因為各別企業的現場環境或商品的使用方法差異，而產生迴然不同的結果。這一點已在說明第2章的感測器案例時提過，接下來透過能輕鬆測量某幾處的複雜立體目標物「影像尺寸測量儀」案例，進行簡單回顧。

舉例來說，使用這個影像尺寸測量儀可將原先每天需要花費五小時測量幾十處的工作時程縮短為四小時，甚至一小時就能完成。

首先，光是工作人員的時薪差異，縮短四小時的價值就天差地別。時薪是兩千元還是六千元，價值就差了三倍。接著，使用頻率上也會導致千差萬別的結果。每個月測量十次或一百次，每個月縮減成本的幅度就會有十倍之差。

此外，此流程是否屬於整體製程中的「瓶頸製程」（bottleneck process，也稱為關鍵工作中心），價值也會出現差異。若是瓶頸製程就能提升全體製程的效率；若非瓶頸製程，貢獻度就比較小。

再來，從最根本的問題切入，若企業客戶製造的零件價值是一百元還是十萬元，對於透過尺寸量測而發現的問題價值，理所當然就會出現大相逕庭的差異。若是十萬元，光是生產出一個不良品，就會造成極大損失。

由此可見，若未能夠充分掌握不同企業客戶商品的使用狀況，就無法對實際的生產力提升及成本減少的貢獻程度，採取適當的解決方案業務。

接下來，讓我們思考企業客戶在進行商品開發時，使用基恩斯商品的情況。首先，必須掌握企業客戶詳細的商品開發流程，並試著從中找出問題。例如，或許會在商品開發的過程中，因為太晚發現設計問題，造成商品開發進度落後。遇到這種情形，也需要大致掌握因商品開發造成的進度落後，所導致的經費提升理由與金額。因為根據客戶的不同，商品開發延遲所帶來的損失金額也會有所差異。

如此一來，基恩斯便能向客戶提案使用3D列印簡單試作，或透過顯微鏡迅速確認精度等，也就是提出若客戶能早期發現問題，所能獲得的經濟價值提案。

例如，提出下述提案：「在商品開發的階段進行試作，透過顯微鏡確認設計沒問題，就可以確保開發行程不會拖延，還能減少一百萬元的經費。雖然這台顯微鏡要價兩百萬元，但馬上就能回本。」

若能這樣理解企業客戶實際可享受到的經濟價值規模，就能開發出價值最大化的商品，並對企業客戶進行諮詢顧問，以提出更龐大價值的提案，這套邏輯相當清晰。但目前卻鮮少企業能夠這麼深入理解對眾多企業客戶而言的經濟效果，也很少有公司能為了更加提升價值而如此實踐商品開發及業務推廣。

當然，其他的生產財企業也需要如同基恩斯般，好好學習企業客戶使用商品的方式。只不過，要來回拜訪眾多企業客戶，仔細調查客戶的業務流程及商品的使用方法，需要花費龐大的時間與成本。再加上，要培養從企業客戶口中問出實情的能力，其實也不簡單。

要做到基恩斯這般詳細掌握企業客戶的資訊，需要長時間的學習。正因如此企業都需要儘早開始，慢慢努力了解企業客戶的現場狀況。被困難壓倒而選擇放棄是最糟糕的做法。

③從全方位探索如何提升生產力並提案

基恩斯的業務人員，不會只將銷售各別商品視為目標，他們會努力從商品開發業務至整體製程的觀點出發，向企業客戶提出生產力成長的提案。為此，除了顧客的要求或困擾之外，更需要掌握企業客戶的業務流程與想達到的目標等資訊。

對企業客戶而言，最重要的是優化整體，因此基恩斯也會盡量留意從廣泛的範圍來探討。而這也是基恩斯能夠超越顧客需求，提出高性價比解決方案的原因。

接著，我要具體說明感測器檢測出加工零件不良品的案例。這是由某間企業客戶提出，他們在加工自家零件後，出現高度等形狀不一的狀況，而希望檢測不良品。站在基恩斯的立場，銷售不是唯一的目的，而是必須以提高整體運作的生產力及品質為目標。

為此就必須了解加工零件製程的前後製程、相關的全部流程，例如下列項目。

- 檢測出不良品後，要如何處理該零件？
- 為避免再次發生相同狀況，是否需要針對出現不良品時的模式進行分析？
- 不良品的問題不只是形狀變形，好像也會造成品質受損，是否有這樣的問題？

基恩斯的業務人員在加入公司後，就會被教導需要時常從廣泛的範圍向客戶提出業務及製程流程的問題，並從中學習。而結果就是，他們能夠從眾多企業客戶身上，學習到許多相似的業務項目及製程知識，進而累積專業知識。學習更上一層樓就能夠提出有用且重要的問題，因而產生良性的循環。

除了向許多企業客戶學習業務及製程之外，因為具備使用自家商品（感測器等）的豐富專業知識，所以只要統整雙方所擁有的知識並思考，就有可能提出企業客戶沒設想到的提案。

從此案例出發，又可具體提出下列方案。

「若是想要自動排除不良品，不妨透過ＰＬＣ驅動執行器（actuator），讓氣動控制閥（air cylinder）自動彈出」「表面加工後，似乎也出現損傷的問題，若能搭配位移感測器

（displacement sensor）與影像感測器，便能同時解決不良品的問題」「為掌握不良品的現狀及避免再次發生，使用顯微鏡觀察分析的同時，不妨再透過ＰＬＣ蒐集資訊，進行原因分析」

另一方面，大多數的企業客戶窗口不會擁有如此全面性的思考。特別是年輕業務往往受限於工作分配，因此只對自己業務範圍內的事務較熟悉。所以，基恩斯的業務人員就有可能提出超越企業客戶窗口思考的具體需求及期望的提案。

藉此提案，企業客戶就能夠享受超出自身期待的生產力或品質提升，以及獲利增加、成本降低的恩惠。而從基恩斯的角度來看，這些提案才能夠促進多種商品的銷售，以及更進一步聯結附加價值。就方才的案例來說，ＰＬＣ和影像感測器的業務人員就可一同提出綜合性的解決方案。

如果企業客戶能持續從基恩斯獲取促進經費刪減的卓越提案，便會對基恩斯產生信賴，覺得下次有機會也要跟他們商量。這種關係的建立也是基恩斯的強項。

2 全方位培養業務的解決方案提案能力

至今我說明了，基恩斯公司整體在提供解決方案的目標上，都是以性價比為主要考量。接下來要介紹的是，實現此目標的具體流程，尤其聚焦在建立提案能力的學習過程上。

我再次提醒，在本章中因為業務人員與企業客戶的接觸最為頻繁，所以從業務的觀點說明獲取企業客戶知識的流程。但是，與企業客戶之間的關係，亦即要從企業客戶的現場學習什麼，又要向對方提供何種經濟價值這類的基本想法，包含商品開發人員在內，在整個基恩斯都是共通的。

①新進員工（業務人員）的錄取與分發

關於一般職位大多不會採用中途錄取的聘用方式，因此基本上都是大學畢業的新鮮人在四月進入公司。

由於基恩斯要求所有員工認同公司的經營理念，因此新進員工的招募過程相當具有特色。即便是一般企業錄取員工的常規流程中，基恩斯都會省略價值不高的部分，此做法適用於經營的所有面向，就連招募也是一樣。

從本書說明的基恩斯經營方針出發，我們會發現他們需要具備理論思考、靈活的學習能力及溝通能力，招募流程也會以此為主要評價標準。反而不重視面試的常規問題，例如「應徵基恩斯的動機」「進公司後想從事的工作」等。或許基恩斯覺得就算聽這些事前準備好的答案，也沒有太大意義吧。

若要在招募面試中判斷求職者是否具有思考能力，最有效的方法是突然詢問他們平常沒有思考的問題。此外，能夠好好說服對方的溝通能力也相當重要。因此，基恩斯整合上述思維、提出設想問題的一個例子，就是「說服面試」。以下並非基恩斯的實際案例，只是舉例說明，例如，針對面試者提出設想問題「我認為租屋比較好，請說服我買房比較好的理由」，並讓對方當場回答。

尤其是近幾年開始，基恩斯的錄取競爭愈來愈激烈。在這樣的情況下，他們採用這樣的招募流程，並進行嚴格的篩選，因此能錄取到思考及學習能力都很優秀的人才。

所有新進員工的共同教育訓練安排在四月初開始，會分發到各自所屬事業部上課。不同事業部的做法有些許差異，但業務人員通常會在五月上旬分配到日本全國的銷售辦事處，在那之後也有可能繼續接受研習。例如，某事業部會持續幾個月，不斷交替進行在銷售辦事處的研習與共同教育訓練活動。

如下說明，若在五月分配到銷售辦事處，那麼從進入公司第一年的後半年開始就需要自己獨立跑業務行程，快的話兩到三年就能夠進行基本的解決方案業務了。

②展開業務活動

各事業部的新進員工教育訓練中，最為重要的是了解事業部門的商品。不光學表面知識，還需要徹底掌握包括技術、使用方法及具體應用案例等知識。

為了向企業客戶提供專業且高水準的解決方案，首先必須熟知自家公司的商品。而為了提高對企業客戶的諮詢顧問能力，雖然需要成為自家商品及客戶現場兩方面的專家，但在這個階段能夠充分做到的是前者，也就是學習自家公司的商品知識。

即便是新進員工，從一開始拜訪企業客戶時，就至少要做到無論對方詢問自家商品什麼問題，都能夠給予適切的回覆。除了技術、規格或使用方式等必備知識外，也需要學習簡單問題的處理方式，以及客戶向你商量，就要能夠回答。這些都是為了能夠延續客戶信任，並讓對方願意告訴你更多資訊的必備起始條件。

例如，當已購買基恩斯商品的客戶，提出這類問題：「偶爾會出現這種問題」或「有更簡單的使用方式嗎？」時，基恩斯業務必須當場給予令對方感到滿意的回覆。此外，若是簡單的軟體或設定問題，就需要學會自行解決。業務若能夠確實應對疑問或問題的話，下次客戶就會向你諮詢各種事情。得到各式各樣客戶的信任且對方也願意跟你分享很多事情，就能學到更多客戶的困擾內容或解決方法。

另外，基恩斯業務能夠學習到成為事業部內商品的專家，是因為事業部組織的適當安排。如果業務負責商品品項過多或使用商品的對象過於多樣的話，都難以成為專家。

研習結束、被分發到銷售辦事處後，就會由代表事業部的領導者、機關負責人擔任上司。這與各事業部的各別機關負責人不同，負責整合銷售辦事處整體營運的是銷售辦事處負責人，但這個職位也不屬於業務人員的上司。如前一章所述，業務人員的主要工作屬於事業部的活動，所以機關負責人之上並非銷售辦事處的負責人，而是由區域經理擔任上司。

若機關負責人底下的業務人數過多，有必要會成立五人左右的小組，而通常會同時從中任命小組組長。在小組裡，時常舉行針對年輕業務人員的課程，且雙方會頻繁交換意見。

通常小組內的前輩會常常教授新進員工，包含業務執行層面上的細節。再加上，進入公司的第一個月開始至幾個月內，會安排一位前輩個人導師陪同拜訪客戶。同時，對方從如何透過電話約訪，到拜訪時的時間分配及向顧客的說明方式等，都會給予具體的指導。

進入公司第一年的夏天到秋天開始，就要參考前任交接來的顧客資訊與拜訪紀錄，開始獨立進行業務活動。因為經營方針的其中一項是「受託付便會有所成長」，所以基恩斯會希望較早一點讓員工嘗試獨立。如同前述，從新進員工訓練開始，就會針對自家公司的商品進行徹底的學習，所以從一開始就能做到某種程度有意義的業務活動。

近年來，跑業務比以前容易，這是因為基恩斯的公司名，比起從前來得更廣為人知。除此之外，也因為與更多的客戶建立了信賴關係。更多的企業客戶表示，跟基恩斯的業務人員商量都能夠得到改善生產力的建議。而年輕的業務人員更是因為托這些前輩的福，所以拜訪客戶逐年變得更加輕鬆。

即便如此，在年輕員工遇到困難之際，銷售辦事處的前輩依舊會認真給予建議。基恩斯的強項之所以受到保證，是因為有互助共學的文化與制度。這雖然並未明文規定，卻是全體員工共享的規則。這表示如果有後輩或同事提問，員工會優先處理、仔細回答。而這一點在銷售辦事處、總公司或商品開發小組內都會發生。

此外，如同第1章所說，基恩斯相當重視業務流程導向成果的因果關係，所以前輩都能夠條理分明的給予建議。例如，打電話的時機或頻率、拜訪企業的選擇、拜訪次數或提案內容，以及展示機的使用頻率等，累積了許多能夠帶來成果的適當流程知識與技術。針對業務成果沒有起色的業務人員，也能夠將其業務活動與累積至今的因果關係的知識技術進行比較，可能給予對方更適當流程的指導。

另外，能有效給予建議的制度也相當完善，像是後面會提及的「外出報告書」或「角色扮演」等的教練、教育制度。

③透過工作中培訓，熟練解決方案的提案能力

基恩斯業務人員的職責，不光只是銷售商品而已，也必須徹底學習客戶的業務及製程內容。透過學習，不僅能夠提高解決方案的提案能力，更能讓客戶樂於花費比其他公司更高的價格購買自家商品。再加上，透過優秀的解決方案提案，能夠強化與客戶之間的信賴關係，並得到更多的商量諮詢。從中獲得的知識更有助於解決方案提案能力更上一層樓，這也象徵著卓越解決方案業務的良性循環。

業務新人也能夠透過基恩斯建立的制度迅速學習，達到提供解決方案的程度。通常兩到三年就可以培養獨自工作最低限度的能力。也就是說，到了這個時間點，業務只要具備負責商品相關領域的知識與能力的話，就具有最低程度能向眾多企業客戶提出改善現場或提高生產力的知識與能力。

即便是進公司不久的年輕業務，也能夠提出優於客戶提案的原因有二。以第3章的理論解

說提出的「專業優勢」與「顧客的範疇經濟」為準，說明如下。

首先，是基恩斯業務比企業客戶更加了解自家商品，特別像是主要商品感測器或顯微鏡的有效運用方法，能以專業的知識量得到壓倒性的勝利。由於公司將業務人員的守備範圍限縮在從適當的商品組合到事業部的商品，所以能夠充分學習。

再來，有別於一般的加工設備或通用零件的情況，即便是客戶企業端具有豐富經驗的技術人員，但他們對於以工廠用感測器聞名的基恩斯多樣商品，也大多不具備相關知識。

此外，基恩斯之所以比客戶更擅於提出解決方案，是因為看過許多現場，不斷累積經驗值而來。例如，知道更多同樣使用感測器的現場，就能多樣化學習，藉此在知識與技術上獲得優勢。

進公司後，即便業務活動才開始一年左右，但要拜訪數十間以上、基於大致相同目的、將自家事業部感測器用於製程的企業客戶現場，並沒有難度。在這些工廠裡，他們慎重地挑取、調查感測器的使用方式、產生的效果和問題點。基恩斯業務人員的最優先事項是，從企業客戶端得到業務流程或問題的各式各樣回饋。

④向眾多客戶學習的機會

先前在第2章也曾提及，基恩斯的經營方針中希望促進員工向多樣客戶學習。那就是無論企業規模大小，有可能導入基恩斯商品的所有客戶都是銷售對象。目前基恩斯商品販售給世界上超過三十萬間的公司，而其中有不少公司員工人數只有數十名以下。他們不限定只跟大企業做生意，而與數量龐大的企業客戶往來的優點之一，就是能增加學習機會。

至今已說明，只要將對自家公司商品的專業知識及針對多樣企業客戶的現場經驗相結合，即便是進入公司不久的年輕員工，也能夠比許多企業客戶窗口，更能夠善用基恩斯的商品，並擁有提出解決客戶現場問題方案的能力，這並不稀奇。如此一來，綜合考量多種企業客戶案例，就能夠簡單提出為了提升生產力適當的感測器選項及使用方法的提案。

另外，前面提到會拜訪成千上萬的企業，其中也包含規模較小的企業，因此也會遇到商品相關專業知識沒那麼豐富的客戶。在這種情況之下，大多也能藉著新人業務的介紹及提案，讓顧客感到高興。若能累積經驗值並提高解決方案的提案能力，慢慢就能增加拜訪其他多種企業的業務活動。

但也不是從能夠獨當一面、提出解決方案的時間點開始，他們就會停止成長。只要有基恩斯的業務經歷，就會繼續維持相同的學習模式，以一般企業難以想像的速度不斷提升提案能力。

⑤顧客學習教材——製程手冊

第4章曾提及促進銷售小組的活動內容，像是提供了支援業務人員所準備的好工具。業務在實際拜訪客戶之前，會針對企業客戶進行徹底學習。實際上拜訪客戶進行業務活動的時間，一週中大概兩到三天，而按照慣例一般業務外出日一次會拜訪四到五間公司。其餘的日子則會在銷售辦事處，接聽客戶電話、約訪，或是事前準備讓業務活動更充分。特別是拜訪客戶前的準備相當受到重視，因此就時程來看，也不推薦再多增加拜訪行程。因為如果沒有充足的業界及企業客戶的知識，就無法提出解決方案。

業務在拜訪客戶之前，除了客戶的公司概要之外，必須盡量詳加調查製程、設備、使用的技術等。為此，促進銷售小組所準備的製程手冊就會派上用場，其中以淺顯易懂的方式介紹了半導體、液晶、電池、汽車等主要企業客戶所屬業界的製程及設備。

另外，製程手冊明確呈現了能運用基恩斯商品的主要製程。例如，鑄造製程分為高壓、低壓及真空鑄造等，在手冊中標示出各項製程合適的感測器或位移計，也說明了能提出的商品和解決方案。此外，也能從中獲得曾導入基恩斯商品的銷售實績等相關資訊。

若沒有充分學習企業客戶的業務項目，就直接前往拜訪，會相當沒有效率。其他的生產財企業或許會想著先去拜訪，再請企業客戶從頭開始指導，但這在基恩斯是絕對不被允許的。之後也會提到，在拜訪的前一天需要提出「外出報告書」，向前輩或上司明確說明業務訪問的目的，以及欲提案的商品及解決方案等。若準備不完全，基恩斯的業務根本不會被允許前往拜訪客戶。

⑥足夠的促進銷售及價值提案工具

銷售促進小組及銷售辦事處會透過優良的流程管理，檢視拜訪客戶的業務推動方式。向企業客戶提案時，業務除了商品說明，重要的是要加上以具體成效為中心、簡單明瞭的故事。

每個事業部的做法不同，不過假設取得拜訪顧客一個小時，大家都會檢討如何有效率的分配時間與提出故事：先是從商品的說明切入，接著蒐集企業客戶的業務流程及問題點等相關資訊，其次一邊透過展示機演示，一邊表達相關內容。而這其中的知識技術也會透過後述的角色扮演，在新進員工及業務成員之間傳遞。

首先，促進銷售的具體工具中最重要的是型錄及展示機。而這在前一章已提及，是由促進銷售小組所準備的。

型錄不僅僅是商品介紹，而是費盡心思希望讓實際使用的顧客能更加具體了解商品的工具。即使現在可以看到其他公司以商品規格或功能為中心所設計的型錄，但基恩斯一直以來卻都是以實際使用情況的解決方案價值為中心，提出訴求。

向客戶說明的過程中，除了使用型錄之外，必要時也介紹過去使用該商品產生效果的各種案例。而豐富事例的經典案例集也是由促進銷售小組所準備，其中可見照片或表格，能夠對商品使用方式及效果一目瞭然。

而促進銷售小組員工也總是在思考，如何更有效地展現有用資訊的方法。據說有位員工曾開發出透過虛擬實境（virtual reality, VR）技術展示案例的工具，亦即將許多客戶的有效使用狀況，透過虛擬空間重現。最後，這項工具獲得企業客戶的高度評價，對方表示非常容易理解使用方法與實際成果，也受到世界各地業務人員的感謝（參考本書結尾參考文獻／網頁資料：基恩斯HP3）。

此方法與單純說明商品規格的方式不同，如果能夠採用這種方式，善用實際案例就能讓企業客戶感受到實際成效，說服力更會有所提升。

同時，展示機也是為了讓客戶更加容易理解商品的使用方法及效果。業務人員在參加新進人員培訓時，就會充分學習如何使用展示機。而在新商品導入市場之際，由促進銷售小組所主辦的業務人員說明會（研習），也多會說明使用的展示機與運用方法。

重要的是，要讓各家企業客戶在實際工作時，覺得很實用。為此，若是拿出測量儀的展示機，最好的辦法就是讓客戶在實際測量的零件上嘗試測試。讓客戶了解即便不具備專業知識，也能夠簡易操作、迅速測量，也就是說不光是要讓客戶感受功能性價值，也要讓對方實際體驗意義性價值。實際上有許多企業客戶窗口自己試用過後，都會相當佩服的說：「好厲害，沒想到這麼好用。」

能夠向顧客傳遞商品價值的有用工具，並非只有展示機。例如，一項基恩斯的商品靜電消除裝置的銷售工具，是向業務人員提供一個容易產生靜電的壓克力板。透過此工具，能成功展現該儀器確實能有效消除工廠靜電。

另外，有時也會外借實機給考慮購買的企業，提供對方實際試用的機會，因為許多商品使用過後，更能感受好用等價值。而這也成為基恩斯長久以來獨特的銷售方式之一。許多顧客在實際體驗過有用、方便及高經濟價值的基恩斯商品後，便會決定購買。

促進銷售小組為了有效推進業務活動，竭盡實踐支援活動，包含型錄、展示機、經典案例集或製程手冊等。此外，如同以下說明，每天都在銷售辦事處推進有效的學習。

⑦在銷售辦事處的日常學習——外出報告書及角色扮演

業務外出及回來之後，一定要向小組組長或機關負責人報告跑業務的情形，並接受許多建議，這稱之為「外出報告書」（外報）。

外出報告書的名稱或許會令人產生誤解，因此我希望透過下列說明讓各位理解。所謂的外出報告書，實際上是業務後輩接受前輩仔細地指導、雙方意見交換，有許多學習的機會。基恩斯的員工也向我說明，雖然名稱上是外出報告書，但將其視為一般所說的「一對一會議」或「教練指導會議」可能比較適當。

首先，在外出跑業務的前一天，會報告拜訪的企業名單（大約五間左右）各自的商談目的與提案內容，並獲取建議。基恩斯本來就不存在單純為了介紹新商品、跟客戶打招呼或送貨等目的去拜訪客戶。沒有事先約定、突然拜訪的業務行為更是不值一提。在業務活動中，也不會執行附加價值低的工作。

在外報時，首先需要明確說明具體的業務目的。在採取所有行動前，必須深思熟慮並深入探討目的，這是基恩斯的重要行動指針之一。

另外，也必須報告想提出商談的商品與其應用目的、改善生產力的提案內容，以及企業客戶的現場與業務相關調查項目及目的。為此必須盡量蒐集、靈活運用拜訪客戶的商品、製程與業務流程等資訊，才能具體提高跟提案內容相關的說服力。

例如，對此業務可能會得到這樣的具體建議：「若你在思考為了檢測出那種問題的感測器的話，那先說明成功解決了相同問題，也確實獲得成效的A公司案例可能會比較好。」

其次，若上司對拜訪企業客戶很熟悉，也可能獲得切中核心的提案，像是「如果是跟B約時間說明商品或示範展示機的話，倒不如也請能決定採購的上司C加入會比較好呢」。

接著，跑業務回來的下一步驟是報告拜訪的內容。根據這些內容，可以得到前輩的多種建議：「如果是那個製程的話，提這款感測器的提案應該可行吧？」「下次拜訪時，若對方一直提出這方面的問題，應該就可以提出新的改善方案」等。

如同我在此處的說明，外報內容並非抽象的知識、技巧指導，而是以具體工作流程相關的建議為主。此外，這並非單方面的指導，而是藉由互相交換意見或討論，一同探討業務方針。

此外，外報的內容目的也希望對業務流程和成果的因果關係提出假設、驗證，並對其有所貢獻。基恩斯業務員工拜訪客戶後，經常會檢驗拜訪前對企業客戶設定的解決方案是否確實如同假設般，能夠帶來實際販售。

基恩斯業務每個月大約有十天會外出跑業務，因此每個月有十次左右，會以上述形式接受熟練業務人員（或機關負責人）的具體指導。若每天拜訪企業數量是五間左右，每個月就可以針對近五十間企業訪問結果，進行許多意見交換。這也代表他們能夠如此頻繁地運用實際案例，接受解決方案提案的指導，當然能夠快速成長。

由於外報必須詳細匯報業務活動的所有細節，我曾在網路上看到有人寫下，認為這是過度監視的黑心企業案例。但這完全不符合事實。前輩或機關負責人誠懇、仔細地向業務人員提供建議的制度，正象徵著基恩斯的互助文化。有非常多的業務人員認為這出自好意，給予此制度相當高的評價：「我從外報中得到的建議，幫助我很多次」「如果沒有外報制度的話，我不會這麼快成長」。

接著，我繼續說明幾乎每週都會在銷售辦事處舉辦的角色扮演活動。業務可以有更多具體學習提案推動方式或跑業務時的說明方法等的機會。由小組組長或前輩扮演顧客，是業務的練習對象。

特別重要的是，業務能否確實理解企業客戶，並且能具體並簡單明瞭的說明如何提升對方的生產力。舉例來說，如果能夠善用展示機，重現顧客實際的使用狀況，並說明這將帶來大幅降低成本的效果，就能夠提高說服力。角色扮演結束後，都會非常詳細指指導優點及說明需要改進之處。

根據銷售辦事處的不同，新進員工也有可能每週獲得幾次角色扮演的學習機會。因為此活動重現了實際的業務情景，所以有很好的學習效果。另外，在外報中實施角色扮演的效果也很好。例如，必須向預定拜訪的企業客戶提出既重要又困難的商品提案時，可以當成事前演練來實施角色扮演。

⑧ 共享資訊的文化

至今說明了基恩斯公司制度中的學習架構，而其最大的優勢是我已再三強調的互相指導、相互學習的文化。例如，眾多的企業業務部門因銷售業績的激烈競爭，導致業務人員將顧客的資訊或銷售知識技術等占為己有，對其他業務人員保密的情況不少。

另一方面，在基恩斯若有某項商品成功向企業客戶提出好的提案之際，就會共享解決問題的內容。例如，「寶特瓶工廠因靜電問題而蓋子突然飛走，但是工廠窗口不知道原因。只要導入靜電消除器，生產力就會大幅提升，顧客也非常高興」。有了這種成功案例，基恩斯就會率先與銷售辦事處內的人員共享。這麼一來其他的業務人員負責的區域中，若有相同類型的工廠，也能夠藉此學習，提出同樣價值的提案。

由此可知，他們絕對不會把資訊視為祕密，他們的目標並非個人，而是所有員工一同朝著附加價值最大化前進。如同先前提及，將業績分配給所有員工的「業績獎金」便象徵、支持著這種企業文化。

而且，資訊的共享並非只在銷售辦事處進行，也在整個事業部獎勵推動。若能將有用的情報分享給整合多個業務據點的區域經理，該情報就能擴散至他負責區域內的其他銷售辦事處。再加上，就算不透過區域經理，區域內的各間銷售辦事處的人員也會在每個月齊聚一堂，參加共同讀書會或資訊共享會議時分享。

總公司的促進銷售小組支援日本國內外所有業務活動，總是在蒐集相關有用資訊。例如，近年是蒐集應用在電動車（ＥＶ）用電池製程相關的新解決方案成功案例。他們也建立了讓業務人員透過事業部內網、報告有用資訊的架構。這對業務考核帶來正面影響，所以業務人員也都會積極報告資訊。若促進銷售小組判斷，某項資訊需要與日本所有銷售辦事處和海外據點共享，就會迅速展開。

⑨客戶的情報記錄、共享與活用

拜訪企業客戶時蒐集到的工作流程或製造現場的資訊是重要的知識基礎。雖然外報也會呈現這些內容，但為了自身的業務活動，又或者是要與銷售辦事處及事業部共享這些知識資源，在外出跑業務當天必須仔細記錄活動內容。

但是，近年來重視保護個資隱私，所以基恩斯也會最大程度的留意企業客戶的資訊管理。多數資訊大多都會用在業務人員各自的業務活動或學習上。

記錄的重要性在於，這份資料不僅針對銷售辦事處報告，也會開放給事業部內的促進銷售小組及區域經理分享。促進銷售小組在檢視日本國內外銷售辦事處的整體銷售方針時，會需要業務與企業客戶的現場互動、購買理由、解決問題等的相關資訊。

而在情報記錄上，向客戶提案的內容與是否聯結至業務成果最為重要。無論銷售成功與否，都必須詳細記錄業務過程，並仔細分析聯結結果的因果關係。這種時常驗證因果關係的態度與經營方針相符。

此外，業務人員也需要記錄下對基恩斯的業務活動來說，極為重要的內容，就是各別企業客戶的一般資訊。其中包含製程、業務內容、要求、需求及困擾之事等。

再加上，企業客戶決定購買的過程與決定購買負責人的相關情報，也會隨企業或部門而有差異，所以也相當重要。在決定購買的過程中，也會出現在部門內部結清帳款或透過不同採購部門的其他做法。而且，若對企業客戶在特定業務或改善製程方面的預算金額沒有某種程度的理解，就無法提供適當的提案。

若能理解這些資訊，對業務能夠向企業客戶提出讓對方容易評估的提案，至關重要。

如同前述，因為業務充分了解性價比後的提案，也會成為企業客戶內部決定是否採購的評估標準之一。同樣地，若能夠充分理解客戶的決策流程再提案，就能夠減少企業客戶花費在採購流程的時間與成本。如此一來，企業客戶就能夠迅速且有效率的享受到解決方案的效果。

某間企業客戶的年輕窗口就提到：「基恩斯的業務會提供性價比的分析結果和應該比較的其他公司商品等一切資訊，幫了我很多忙。想要採購的話，可藉著這些資訊向上司說明、說服，一切都相當有效率。」

業務的提案彷彿如事前演練般、順過企業客戶購買商品的決策流程，這也是即便商品價格昂貴，也能讓企業客戶順利決定購買的理由。

面對特定的企業客戶，對方負責人員的專業領域或職位等也都是順利進行業務活動需要的有益資訊。例如，依據現場窗口的專業領域不同，他們在意的重點會有所不同，有可能是品質、成本、新技術等。有時需要改變解說的方式或順序，才能達到較好的效果。

⑩累積更多資訊或資料庫的知識

以這種方式從業務活動獲得的客戶相關資訊，會被確實記錄並善加運用。只不過，有些媒體多少有些誤解，以為基恩斯「會徹底蒐集各式各樣的顧客資訊，並在建立大規模的資料庫後，使用客戶關係系統（CRM）工具等加以運用」，其實他們不大重視這種做法。如同至今所說，要達到提供諮詢顧問業務的目標，僅僅使用這種表面形式上的大量資料是完全不夠的。

由於基恩斯深入企業客戶並與企業客戶共同解決問題，所以確實能獲得許多寶貴的資訊。但是，基恩斯最看重的資訊是無法以千篇一律的方式製作或形成資料庫的，這就像高階的諮詢顧問流程是無法標準化的一樣。

特別重要的是，基恩斯認為積累許多具體案例，而非建立資訊資料庫，才能夠深入理解解決方案相關的高階知識與技術。各事業部透過這種長年累積下來的案例，才有辦法建立起基恩斯最為重視、能夠提升顧客價值的重要因素，以及與其因果關係相關的知識體系。

而這一點對建立基恩斯的事業部組織也相當具有效果。正因為商品是由在有限縮範圍的事業部內的專家所負責，所以即便是質化又複雜的知識內容也能夠全員共享。總公司的各樓層及位於世界各地的銷售辦事處的專家團隊，每天都在進行高密度的資訊交換及討論。

與其說是資訊或資料庫，倒不如說正是組織長久培養的員工所學習到的深奧知識，才是基恩斯的強項所在。

⑪ 每日致力於業界或商品的學習

僅從企業客戶端獲取眾多資訊不足以建立解決方案的提案能力。基恩斯的業務人員在沒有拜訪客戶的日子，會盡量找時間學習自家商品、預計拜訪客戶的企業業務或業界動向等知識。而為了做好提案的業務工作，也必須學習專業知識。這與一流諮詢顧問總勤於學習是相同的道理。

而且，他們將學習到的內容，像先進的技術趨勢或其他公司的成功案例，與企業客戶窗口分享，還能活絡對話，充實業務內容。如此一來，也能促使對企業客戶的學習。

為了學習技術及商品資訊，有時也會由總公司員工（促進銷售小組）主要去視察展覽活動。光是日本每週都舉辦不少大規模的展覽，像半導體、工作機械、雷射技術或人工智慧等業界都會舉辦。

商品開發人員需具備業界及技術動向的知識，所以也理所當然會去逛展覽，這對解決方案工作也有幫助。促進銷售小組會在銷售辦事處分享這些有用的資訊。

其他公司舉辦研習時，常聽到業務人員表示每天的日常工作忙碌，沒時間學習相關業界、未來潛在客戶或最新技術等的知識。因為這些公司並未像基恩斯明確制定諮詢顧問工作對經營策略的必要性，所以業務的學習意願低落。而這類企業通常較重視實際拜訪客戶的業務方式，因此會認為即便培養了解決方案的提案能力，也不一定會受到高度評價。

如同前述，促進銷售小組的支援或在銷售辦事處足夠的導師指導等，都是支撐業務活動的穩固架構。但是，最重要的是建立起每位業務人員在眾多學習後，能仔細思考並下功夫去努力促成解決方案的能力。

3 建立顧客價值創新的良性循環

① 培養能力的學習循環

至今我主要從促進銷售工具及組織內學習的制度上，說明了如何培養解決方案的提案能力。基恩斯建立強項的要義在於向企業客戶提出獲利提升的提案，並藉此獲得信任，就能從客戶身上學習更多，進而提出促進獲利更上一層樓的提案，這能夠產生相輔相成的良性循環。

透過這個良性循環，年年的學習效率提升，更能發展創造顧客價值的組織能力。我再重複一次，我們從與企業客戶的關係角度出發，透過圖表5-1整合了提高創新能力的學習循環。

首先，①是提供企業客戶增加獲利或減少成本的解決方案。快的話，業務人員進公司兩至

圖表 5-1 顧客創新能力的循環建構

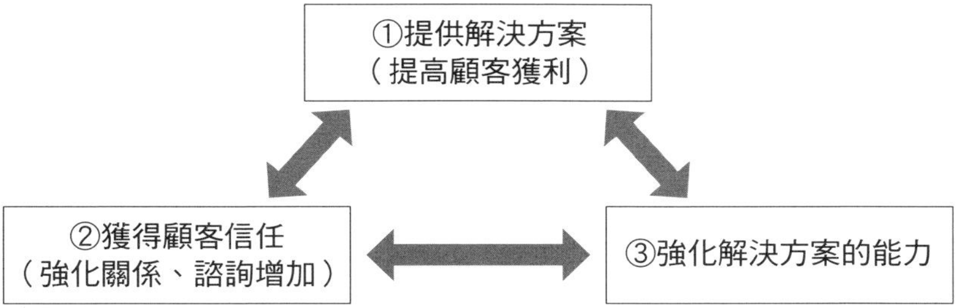

（出處）作者製作

三年，就可能提出有意義的解決方案，得到顧客的高度評價。

首先，業務要徹底學習掌握自家公司的商品，自第一次的拜訪開始，就必須能確實回答對方所有的提問。同時，在多樣的企業客戶現場，多向客戶學習。結果業務接受公司展示機或有益資訊等多方面支援，以及從外報獲得的仔細指導，漸漸地就能夠提出企業客戶沒有察覺的有益提案。

基恩斯藉著提出讓企業客戶滿意的提案，就能夠建立圖表5-1的「②獲得顧客信任」關係。如此一來，不僅能夠收到更多、各式各樣的諮詢商量，也能在顧客現場更深入地交換意見。最後不僅業務人員學到更多，也能夠帶來③強化解決方案的提案能力。

基恩斯隨著能力持續培養，提供給企業客戶的解決方案就可能達到更高的境界，而這是優秀顧問也具備的能力。這樣一來，顧客就會期待只要與你商量，就能得到更好的回答，進而比從前更願意具體告知自家企業的製程及遇到的問題。也就是說，價值提案、信任建立、學習的良性循環會不斷繼續。

基恩斯以上述形式，持續鍛鍊業務能力，進而培養出其他企業無法模仿的組織能力。透過與企業客戶的資訊共享和磨合，不斷強化組織能力，這就是基恩斯的最大強項。

② 信任關係的擴大再生產

在上述良性循環中掌握重要關鍵的方法是，從企業客戶身上具體學習更多。所以，在拜訪企業客戶時，需要多多提問。針對基恩斯的這套業務做法，或許有企業客戶會覺得受到鉅細靡遺的提問很麻煩。但是，我從近十五來持續進行的企業客戶調查中，發現把基恩斯視為靠山的企業比例，與覺得基恩斯麻煩的企業相比，呈現急速成長。

最大的理由是因為，憑藉基恩斯提供的卓越解決方案及商品，促成成本降低及品質提升，進而達到業績高漲的企業年年增加。因為，對於企業客戶而言，結果才重要。再加上，就基恩斯來看，近年來與客戶窗口之間建立良好關係的能力，似乎也提升了不少。

雙方有了信賴關係，與顧客的長期商業關係才能持久。現在，有愈來愈多的企業客戶只要有新增產線的需求或遇到難以解決的問題時，都一定會與值得信任的基恩斯業務商量。

從結果來看，基恩斯交易也不斷擴大、發展。隨著與既有企業客戶之間的信賴關係加深所獲得的高度評價，也增加了不少與新企業客戶的往來機會。這麼一來，建立信賴關係與新開發的擴大銷售，都能帶來長期穩定發展的高業績。或許也能說是，這麼做提升了生產財企業的品牌力。

雖然透過此處所說的良性循環，基恩斯員工能夠更加有效且深入學習企業客戶的知識，不過學習內容會成為整體事業部的知識資產。除了在解決方案業務方面，更是對具有高附加價值的新商品開發也能夠帶來更大的貢獻。這一點，我將在下一章詳細說明。

4 一維持良性循環的背景

至今已說明了支持基恩斯發展強項的是，打造了與顧客價值創新能力有關的良性循環。這雖然是優質的經營模式，但要付諸實行其實並不簡單。而基恩斯正是憑藉長年維持此良性循環，才得以不斷蓬勃發展。那麼，基恩斯是如何維持這一致性與持續性呢？

在這裡先闡明基恩斯得以持續獨特良性循環的背景，尤其需要各位理解的是，若只是仰賴表面形式上的經營改革是絕對無法實現此良性循環的。

①經營理念與目標設定——提升顧客獲利的是附加價值總額，而非營業額

首先，基恩斯的經營理念與目標設定都以社會貢獻為目標，如此明確又一致的態度，正是能打造堅定不移行動指針的穩固基礎。基恩斯一致認為，為了實現讓企業客戶真心感到高興的真正價值（提升利益），並不斷持續建立卓越的解決方案能力，是自身存在的意義。

我在第1章說過，業務所設定的附加加值總額目標，是基於基恩斯特有的基準「成果金額」而訂。他們也明言業務人員在日常工作中，以成果金額為最優先考量，而不大在意銷售額。

這也代表在這經營理念之下，若沒有達到基恩斯可見，能夠為企業客戶帶來的經濟價值與性價比標準的話，就會選擇不販售。在基恩斯絕對不會出現，一般企業常見的「只要想辦法增加銷售額就好了」的想法。

因此，他們每天努力追求自己的存在意義，也就是竭盡全力提高企業客戶的經濟價值。具體來說，就是仔細觀察客戶的業務項目流程，經常檢討「即便一點也好，希望能夠提高顧客的生產力，並盡力找出能夠刪減成本的提案」。

若只想增加銷售量，可以透過大規模調查分析顧客的需求或「顧客的心聲」（Customer's Voice），便能達到些許效果。但是，如果要提出能夠確實提升客戶獲利的提案，就必須徹底掌握客戶的業務流程。此外，除了企業客戶的工作內容之外，也必須日日貪婪地持續學習相關新技術和提高生產力的實際案例。

②直接販售產生的責任感

維持每天吸收自家商品、顧客現場、業界市場或技術趨勢等知識的動力來源之一的是直接販售。某位業務人員曾這樣說。

「身為製造商業務，我們必須掌握所有的商品知識及運用方式。當客戶詢問我們時，也絕對不能回答『我們會詢問製造商』。即使客戶使用後沒有成效，出現問題或不良品，一切都是我們的責任。因為我們有選擇最適當商品，並做好最佳設定的責任。如果有問題，就必須當場立即改變設定，所以我們沒有不徹底學習的選項。」

基恩斯認為，與基恩斯商品有關的企業客戶營運，在商品、使用方法及問題上都具有全部的責任，因而斷定說道：「一旦客戶的生產線停止，就是一大問題。身為製造商，絕對要留意不讓這類事情發生，這是身為製造商專家的工作。」

正因為擁有如此強烈的信念，所以業務人員也會努力吸收技術層面的知識。例如，當遇到簡單的軟體問題時，他們有能力與知識，能自己更改設定、解決問題。企業客戶比較基恩斯與其他企業的業務，通常會驚訝於基恩斯業務人員具備的技術知識程度之深。

採取直接銷售能夠加深與顧客站在同一陣線的團結感，而願意一同致力於改善生產或商品開發的現場。在提出諮詢顧問或解決方案業務的銷售策略前，基恩斯的業務人員會以提供基恩斯商品的專家身分，與客戶一同思考改善使用商品的生產現場，這是相當自然的想法。

近年來，大家認為直接銷售的重要性逐漸提升。即便不是百分之百確定，但為了實現高品質的解決方案業務，以直接銷售為主體應該是必要條件。認真思考顧客價值創新的生產財企業，應對此要有更深的理解。面臨當下要選擇直接販售或仰賴代理商時，與其說是下了策略性的決定，倒不如說大多企業都是基於過往經驗所決定。所以，有必要策略性的研討，自家公司應有的樣貌。

③建立組織的學習文化——強韌的事業部組織

維持良性循環的最大優勢，應該是特別基於事業部當中的密切溝通與相互學習的文化。從新進員工時期開始，業務人員就時常接受各式各樣的指導。有人因外出報告書等制度，就誤認基恩斯是嚴格監視員工的軍隊組織，但這完全不符事實。實際上，基恩斯有事業部及銷售辦事處等多層級單位，卻沒有上下關係，所有員工互相學習並一同致力於創造成果，是充滿活力的組織。

雖然它也是個嚴格且對員工個人期待極高的公司，但這裡幾乎不會有人落後，因為周遭互助的文化與制度（外報及角色扮演等）確實發揮作用。有位機關負責人（銷售辦事處內的事業部負責人）就明確說道：「如果有人落後，那並非對方的責任，而是我的責任。我的職責就是要感同身受、給予指導。」

另外，由於公司相當重視互相學習，所以不會發生個人獨占訊息的情況。無論是在銷售辦事處每日召開的會議或讀書會上，都會頻繁交換像企業客戶資訊或優秀提案發想等的意見。

基恩斯建立了能夠讓所有員工高度配合，一同朝共同目標前進，並有效相互學習的組織文化，而支撐此組織文化最大的骨幹是強而有力的事業部組織。像是感測器部或顯微分析部，各事業部負責的領域不會太過廣泛，也不會過於狹隘。而各事業部更是聚集了商品開發、業務及行銷相關能夠創造價值的核心人才，也因此成為有志一同、團結一致，且能夠最有效提高專業知識及相互學習的組織單位。

同時為了達成目標，基恩斯能夠朝著相同方向，發揮最大的團結力。聚集特定領域的高階人才，向同樣目標邁進的組織非常強大。猶如強勁的運動隊伍般，一邊互相刺激、鼓舞、共同成長，一邊依靠強健的團隊合作齊向目標衝刺、邁進。

結果就是，各事業部以特定領域真實專家團隊的姿態每日成長，這又引發公司內部更高度、活潑的討論，而此又產生良性循環。

我很少見識能如此完美活用事業部組織優勢的企業。多數企業的事業部組織不是事業部規模過於龐大，不然就是商品種類過多，大多淪為表面結構。

基恩斯從經營理念出發，直接銷售和事業部組織的所有一切，都是為了達到最大化顧客價值而實施的理想設計。當然，這並非是歷史的因緣際會或偶然所造成，而是刻意執行而成。毫不妥協、貫徹到底，這毫無疑問是成為超級一流企業的必備條件。

第6章

高附加價值的新商品企畫與開發

● High Value-Added Management at Keyence

1 如何開發客戶覺得不買會損失的商品？
2 商品企畫小組優先開發顧客價值高的商品
3 商品開發多管道獲取重要顧客知識
4 商品開發的成功案例
5 基恩斯商品開發的特徵與優勢——總結

我們已在第4章概述，由商品開發小組和商品企畫小組組成的新商品開發組織架構。本章會以具體的新商品成功案例為主，說明商品開發的想法與過程。

1 如何開發客戶覺得不買會損失的商品？

從歷史來看，基恩斯過去所有商品的平均銷貨毛利率，已連續幾十年都維持在八成左右，所以導入的新商品幾乎都是能夠達到高收益的成功商品。這樣的成果並非自然產生，而是公司有策略性、目的性的針對企業客戶，開發出高價卻性價比高，且必定能夠達到高收益及高附加價值的商品。基恩斯不會僅僅為了達到某種程度的銷售量與獲利，就著手開發新商品並導入市場。

我至今做過許多一般企業的新商品開發調查，發現只要符合「商品採用獨家新技術、符合使用者需求，且能夠期待超越一定的銷售量與獲利」的條件，許多企業就會開心地著手新商品開發。即便達到某種程度的有利可圖可視為條件，但基本上新商品開發與導入市場自身本來就是目的。

基恩斯不會設定如此曖昧或低層次的目標，即使價格較為高昂，他們設定的商品條件是企業客戶能夠享受到更多的經濟價值。若商品大幅低於公司八成的平均毛利率基準，就不會積極進行開發。

新商品開發由商品企畫小組與商品開發小組的人員一同進行。主要以商品企畫人員為中心，他們會重複思考並驗證新商品概念方案的循環，並探討新商品是否有大幅提升多數客戶生產力的可能性。對他們而言，不上不下的妥協是不存在的。據說，他們時常同時評估多種商品的概念方案，並在此基礎上建立了嚴格的篩選標準。因為不做到這個地步，無法誕生優質的商品企畫。

具體來說，假設有十個能夠提高多數企業客戶效率及獲利的新商品開發主題專案，那麼他們就會徹底調查並分析這些專案的實際價值，並決定採用、組合哪種商品。為了實現更遠大的價值，複數的商品專案會相互競爭，以達到附加價值最大化為目標。

若商品無法具體在至少數十間公司的製造及開發現場確認過，即便價格高昂也能達到高性價比，且企業客戶有極高購買意願的話，基恩斯就不會開發、導入市場。基恩斯開發的商品必須是對這些企業企業而言，不買會損失的商品。由於基恩斯會實際掌握該商品對多數企業的使用方法與經濟價值（刪減成本等）之後，才著手開發商品（大量客製化），所以失敗的風險較低。結果才能夠長年持續將毛利率八成的商品導入市場。

若像現在多數企業般，僅從宏觀觀點進行市場與顧客需求分析並著手開發商品的話，不確定性及失敗風險會太高。

2 商品企畫小組優先開發顧客價值高的商品

基恩斯之所以能開發出讓企業客戶經濟價值最大化商品的原因之一，是因為有商品企畫小組。商品企畫小組擁有龐大的顧客知識與優秀的行銷能力，並能將這些能力全部活用於新商品開發上。

第4章已說明過商品企畫小組的概要，在此簡單複習。

商品企畫小組的成員組成有兩種：來自商品開發小組的理科員工，以及來自業務或促進銷售小組的文科員工。無論何種背景出身，他們在顧客解決方案能力及商品開發能力兩者上，都具備高度專業水準，是有策略性與創造性的商品企畫人員。

原本業務及促進銷售小組的優秀人才，就具有極為突出的解決方案提案能力，其中熟悉技術又具有高度商品開發企畫能力者，更是會受到提拔。另一方面，商品開發出身的員工，不僅熟悉技術，也對市場動向相當理解，是能夠擔任構思創造高顧客價值且創新商品的優秀人才。多數技術人才在分配到商品企畫小組工作之前，會先透過CDP制度到促進銷售小組等部門歷練，有磨練顧客知識與解決方案提案能力的機會。

這些人才被分發到商品企畫小組之後，也會比當商品開發小組更持續努力累積、學習顧客知識與市場資訊。結果就導致在商品開發專案內，商品開發小組（大多是技術類）在顧客價值與市場動向方面都會大大仰賴商品企畫人員。

在商品開發過程中會運用客戶知識，商品企畫小組對此的貢獻相當大。尤其是技術出身的其他商品開發人員會善用能夠學習顧客知識的豐富組織架構，以下詳細說明。

3 商品開發多管道獲取重要顧客知識

每天的新商品開發工作也是以大幅增加企業客戶的生產及獲利，以及價格昂貴也能達到高性價比效果的商品為目標。即便是年輕的商品開發人員在從事零件、軟體的設計與開發時，也

圖表 6-1 商品開發團隊獲取顧客知識的管道（各事業部內）

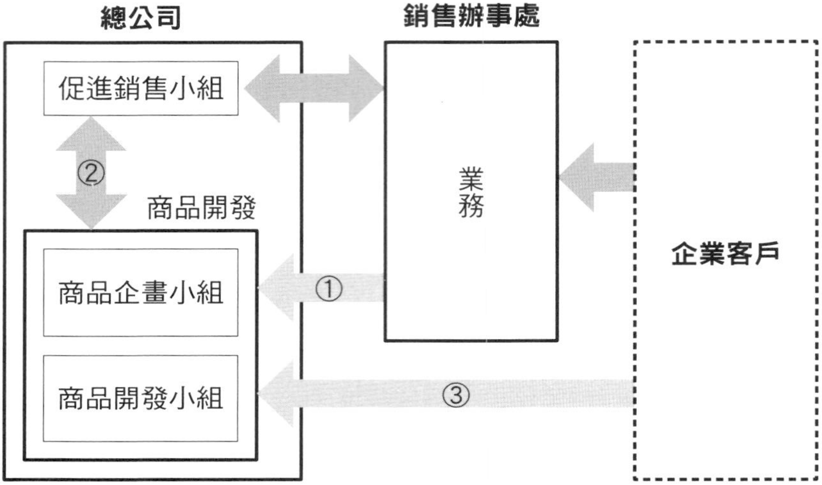

（出處）作者從基恩斯股份有限公司提供的資料所製成

以盡量提高企業客戶的生產力與獲利的設計為目標。從新進員工時期開始，他們就以跳脫企業客戶具體使用現場的方式來思考設計與開發。但若是一般企業的年輕技術人員，光是要設計出能夠正確運作的商品就已經應付不來了吧。

所以，商品開發人員必須相當了解客戶的製造現場；但從時間分配來看，根本無法頻繁拜訪企業客戶。因此，為了掌握企業客戶的商品、技術或製造及開發製程等資訊，需要善加利用各種管道，關於具體方法統整於圖表6-1。

此圖表將一同說明負責新商品開發的商品開發小組與商品企畫小組的組織。不過如同前述，具備高度顧客知識與解決方案能力的人才會被分發至商品企畫小組，所以雖然在此圖表中並未呈現，但在特定的開發專案當中，商品開發人員也能從一同工作的商品企畫人員身上學習更多的顧客知識。

在此圖表中以箭頭標示顧客資訊的相關動向，流向商品開發的資訊管道有三種。分別對應圖表中的數字內容包含：①直接從業務獲取資訊（以需求卡為主）；②在總公司與促進銷售小組進行意見交換和討論中學習；③開發人員本身直接拜訪企業客戶所學。

三種管道中，日常在總公司內部與促進銷售小組進行意見交換與討論，應該是最具效率與效果的方法。如基恩斯這般能打造出讓商品開發人員與熟知企業客戶製造現場與具體顧客價值的同事在同一房間，面對面、隨時都能溝通的企業環境可說相當少見。

在此重複說明，九個事業部門內都各有圖表6-1的組織結構存在。這一套方法若是在大型組織內絕對無法確實運作，正因為基恩斯區分為不同事業部，才得以有效共享資訊。

接下來，依序檢視三種方式。

①業務以需求卡輸出——（圖表中的①）

世界各地的業務團隊都在壓倒性的累積高品質企業客戶的相關知識與資訊的數量，其中大多為有益於解決方案業務的內容。其中包括特別重要的顧客及企業資訊，以及成功提出解決方案的做法等，他們都會回饋給銷售辦事處的機關負責人、區域經理和促進銷售小組，若有需要則分享至日本國內外的其他銷售辦事處。

與此不同，因為業務看過各式各樣企業客戶的製造現場，若有好商品，有時就能當場提出顧客價值高的解決方案。例如，業務可能得到這樣的資訊：「客戶想要同時用感測器一次性檢查生產線上的四個小型零件，但由於感測器無法並排，所以製程要分成兩個階段進行。但如果能將感測器設計為小型化且排列，就能一次檢查完畢，可縮短產距時間，讓生產力倍增。」

將上述資訊回饋給商品開發單位（商品企畫小組與商品開發小組）的制度，就是指需求卡。表單的細節或業務人員繳交表單頻率的規則等，會依據事業部有所差異。日本國內外近千位的基恩斯業務將此視為工作的一環，每月積極繳交表單，所以全公司就能蒐集到許多顧客資訊。

有了這項制度，商品開發人員不用實際拜訪企業客戶，也能夠獲取許多對提升利益有貢獻的構想。只不過，單憑一張需求卡就可能直接創造出新商品的單純情況，案例相當稀有。許多企業對基恩斯需求卡感興趣，但萬萬不可有這種過於簡化的期待態度。

談到如何活用需求卡資訊的方法的話，例如假設發現有意思的資訊時，會由負責商品開發者實際拜訪那間企業客戶，並詳細調查。某位商品企畫人員曾表示，每月至少都會有超過一張需求卡上有有用的資訊，會讓自己想實地拜訪顧客。

此外，因為員工能夠蒐集到相對大量的需求卡，也才有辦法學習包含有益於商品開發的多種顧客資訊，這也是重點所在。假設相同要求出現多次，大家就能夠判斷這是適用於多數企業客戶的重要需求。

雖然這資訊出自於非擅長商品開發的業務人員，但某位商品開發主管曾說道：「多數業務人員一週內會多次拜訪企業客戶，因此跟客戶接觸的機會相當多。所以，需求卡上會出現很多令人感到恍然大悟的資訊喔。」

而需求卡最重要的特色是，這都是業務人員在有目的性的尋找下所提出的「對新商品開發有益的資訊」。業務人員並非單純反饋從業務活動中自然獲取的資訊。這種資訊大多與有益於新商品開發的資訊有出入。（高杉，2019）

簡單來說，業務人員會將對解決方案業務有利的資訊，提供給促進銷售小組，而看似能夠直接在新商品開發派上用場的資訊，則會反饋給商品企畫與商品開發小組。即便許多公司有業務蒐集資訊的組織架構，但能如此明確建立制度的事例相當少見。

如果基恩斯沒有這項制度，業務人員應該就不會如此積極地蒐集新商品開發的相關資訊了吧。因為，透過需求卡提出的資訊，通常不必然直接與業務活動有關，因為這些情報並不會直接引發銷售額的提升。然而，在基恩斯的事業部內部，商品開發與業務團結合一、且具備站在相同立場，都以提升企業客戶的生產力為目標，這點很重要。或許需求卡的制度也激發了大家並肩作戰的鬥志。

② 在總公司與促進銷售小組的互動（圖表中的②）

如同前述，九個事業部在總公司大樓各樓層各有陣地。而其中事業部的商品開發小組、商品企畫小組與促進銷售小組則是共同合作。各個樓層沒有隔間、梁柱和空間隔板，在看得到所有人面孔的狀況下，跟誰都能輕鬆商量。

對負責設計開發的商品開發小組來說，除了與商品企畫小組的合作之外，重要的是與促進銷售小組之間的溝通。

如同先前所說，促進銷售小組是策略性部門，思考販售與行銷策略；為了提高業務人員解決方案的提案能力，而提供資訊及實施研習、課程，準備各種支援業務工具。此精銳部隊除了具備市場分析與行銷策略的宏觀視野，同時也擅長從微觀著眼於客戶製造現場與開發流程。

促進銷售小組同時也全部掌握了，世界各地的業務部隊學習的龐大資訊與知識的重要內容。只要商品開發人員針對目前評估的商品，向促進銷售小組提出「市場的需求夠大嗎？」

「可能在某種業界追求何種價值？」「我們可能在特定企業客戶的某種製程上，提供大幅的生產力提升嗎？」等問題時，都能夠得到許多有用的資訊。

除了商品開發專案的負責人等的管理階級在內，年輕的設計與開發人員也有可能在同一樓層一同並肩作戰，輕鬆地對企業客戶或市場相關意見提問與交換意見。

商品開發小組、商品企畫小組和促進銷售小組三領域的專家，除了單純交換資訊外，也時常十分積極地針對新商品概念或顧客提供價值的新觀點進行討論。在總公司的各個樓層（各事業部），時常上演由各職責領域專家進行跨功能型（cross functional）的創新活動。

③拜訪企業客戶（圖表中的③）

如此一來，商品開發人員能夠隨時從促進銷售小組獲取深度的顧客資訊，也能從業務方透過需求卡，不斷掌握企業客戶目前的問題點。光是透過這幾種方式，基恩斯就比一般企業的技術人員有更多機會接觸客戶資訊了。不過雖說如此，商品開發人員自行前往客戶的製造現場，直接觀察或詢問開發的相關流程，是為了真正理解顧客價值，並從中獲取新商品構思時不可或缺的行為。

商品開發人員拜訪企業客戶的目的與方法是多重的。

例如，若是在商品企畫階段，可透過需求卡等方式，發現看似重要的資訊後，前往拜訪對方。這是為了親自看過企業客戶的製造現場，並確認是否有能夠創造龐大經濟價值新商品的潛力。

另外，若跟自己負責的商品有關的話，像剛導入新商品時需要對客戶做的說明，或者是商品發生問題時的處理對策等，都是商品開發人員自身去企業客戶拜訪的機會。他們會最大限度的善用這些機會。在這些場合，傾聽具體的商品使用的方式、問題點或其他需求。

因為他們都是十分優秀的技術人才，只要能夠親自觀察製程內容或直接調查業務流程，就能從獨特的觀點中獲得許許多多的構想。當有些顧客一知道基恩斯的訪問者並非以販售為目的，而是由有技術背景來擔任商品開發人員時，就會更加積極提出許多期望。因為同為技術人員，常常引起更熱絡的專業對話。

負責設計開發的員工通常會一邊設想顧客的使用場景，一邊以商品達成盡可能好用且符合高度易用性設計為目標。若在這過程中遇到問題，會詢問開發人員前輩或促進銷售小組，若仍然無法解決時，就會和促進銷售小組和商品企畫小組的窗口一同拜訪客戶。

某位負責新商品開發的專案人員，曾提到自己在進行開發專案的過程中，頻繁地與商品企畫人員一同拜訪客戶。一般商品開發與商品企畫會共同推動專案，所以在執行專案的過程中，一同前往企業客戶的製造現場或業務流程，並從中觀察和學習是重中之重，也能藉此培養雙方正確的共同認知。如同前述，有許多商品企畫人員是業務出身，也對客戶的應對進退相當熟練。

另外，商品開發人員中，善用ＣＤＰ制度歷練過半年促進銷售小組或待過銷售辦事處的話，就能夠獲得更多與企業客戶直接交流的機會。

某位商品開發人員曾待過促進銷售小組，那時負責支援業務人員，並提供企業客戶解決方案。他提到促進銷售跟商品開發工作不同，因為前者負責的是已經確定的商品，只能透過探討多樣化價值提案的方法，從檢視提案的重要觀點中，達成學習能力的提升。同時，想當然耳他們對許多企業客戶的製造現場都有相當深入的了解。

由於商品開發人員也被要求將顧客價值的綜合性價值（功能性價值＋意義性價值）最大化，所以基恩斯為了讓員工了解企業客戶的製造現場，建立了如此多樣的組織架構。

曾經其他的生產財企業問我下列問題：「我希望自家公司的技術人員也能多多去拜訪客戶，該怎麼做才好？」我認為期望像基恩斯一樣能具體開發、設計出提升利益商品的先決條件是，嚴格要求「商品開發擔任工程師原先的職責」。如此一來，為了自身能達到目的，不管做什麼，他們應該都會熱切渴望去拜訪企業客戶。而這就需要將商品開發的目標設定本身，從功能性價值轉為綜合性價值。

4 商品開發的成功案例

在此介紹幾個成功的商品案例，首先是這五項商品：「夾鉗式流量感測器」、「影像尺寸測量儀與表面3D輪廓量測儀」、「雷射元素分析模組」、「螢光顯微鏡」，這些革命性的商品都分別劇烈改變了企業客戶的工作做法。

接著，我將補充上述具體商品案例，說明象徵基恩斯具優勢的小型化技術，以及運用此技術發展出的商品。

我們就能理解，這些商品都引發了功能性價值（技術及商品規格）和意義性價值（解決方案價值）兩者的相輔相成效果，為企業客戶提供了更為顯著的經濟價值。

① 夾鉗式流量感測器

流量感測器是用來檢測管路內液體的流量。

一般來說，安裝流量感測器需要施工切斷管線。很早以前商品企畫小組就提出了不需要進行管線施工，安裝在外部就可檢測的超音波流量感測器。過往有很多技術問題，不過在超音波流量感測器發明之後就成功解決了，二〇一五年在市場導入了夾鉗式流量感測器最初的商品。

夾鉗式流量感測器不光只是不需要做管線施工，它還可以直接夾在管線外側，因此不會直接接觸到管線內的液體，所以不會造成流量感測器的可動元件受損，也不需要定期清理或更換。

因為基恩斯清楚知道，不需要管線施工的流量感測器有客戶及市場需求，所以一般企業只要在技術上有眉目，大概都會相當樂意進行商品化。但是以基恩斯的經營方針來看，光這樣是無法導入市場的。因為基恩斯必須追求的是，能夠為更多的企業客戶帶來高性價比的商品，也就是大量客製化。

因此，基恩斯以透過獨家技術達到功能性價值的差異化為基礎，調查企業客戶的使用方式，並分析經濟價值，也想盡辦法努力提升技術。

普遍來說，像這樣只要一出現技術創新，就能向企業客戶提供更好解決方案的潛力與靈活性就會增加。尤其基恩斯具備了將新技術最大程度轉化為顧客價值的能力。如同在第4章所說，讓新技術與解決方案價值發揮加乘作用，並以客戶的綜合性價值（經濟價值）最大化為目標，這正是追求所謂的「技術的槓桿」。

具體來說，為了讓解決方案的靈活性能更上一層樓，首先必須透過技術開發，打造適用於更多企業且具備多用途的商品。

例如，從前需要配合管線的種類來選擇搭配不同原理的各種流量感測器，但是基恩斯的流量感測器可以安裝在金屬管（鐵、銅、不銹鋼）或樹脂管上。此外，除了檢測水之外，也透過獨家技術實現可測定油、藥液等多種液體類型。

由於這些技術創新，需要相當高超的技術能力，所以競爭企業想模仿也不容易。事實上，此商品從二〇一五年開始販售，到二〇二二年依舊沒有其他企業能夠追得上這項技術，就新技術的開發而言也相當先進。

即便管線或液體種類等檢測條件改變，因具有高超的獨家技術支持，所以感測器的功能不會減弱。例如，為了安裝後能穩定檢測，採取了不容易受到溫度或壓力等環境變動的傳播延遲方式的設計。此外，搭配能夠自動控制傳送強度的訊號穩定控制技術，可時刻監控管線內壁是否有髒污附著，導致接受訊號強度降低。這些都是需要能夠綜合運用電路、軟體及結構設計等高超技術才能實現的商品化結果。

開發基恩斯技術的重要源頭是，在電路、軟體及結構設計上，也就是所有領域都具有相當高超的能力。此外，基恩斯並非由各自的窗口負責局部的最適化設計，而是為了解決高難度問題，所有領域的員工相互磨合所產生的高階設計。這也是看重跨功能型專案，並最大限度運用組織優勢所得到的成果。由此可看出，基恩斯無論在技術能力或組織管理能力方面，在業界都有數一數二的表現。

因為這些具多樣用途的優質商品規格，符合多數客戶的需求，所以帶來能夠直接提高銷售量的好處。但更重要的是，高規格的商品提升了創造更龐大經濟價值解決方案的可能性與靈活性。

與技術開發並行發展的是，基恩斯會仔細調查多數客戶如何運用這些創新技術與因此延伸的經濟價值規模，並探討是否能夠創造出更巨大的價值（刪減成本等）。企業客戶不需要管線施工所帶來的經濟價值，依製程不同會產生極大的差異。因此，為了具體執行商品開發，基恩斯員工必須熟悉多數企業客戶實際能夠因此享受到的經濟價值多寡。

商品開發專案負責人曾表示：「這項商品不單單只是不需要切斷管線就能安裝而已。我們在設計之前會深度思考，為什麼有各式各樣的客戶都這麼期待這項商品？實際上對各間企業客戶而言，此商品究竟帶來了多少價值？」

例如，不需要管線施工帶來的經濟價值，也會因為工程的外包費用有所不同，而外包費用的高低也會因為管線的種類或結構差異而有上下變動。若是工程簡單、價格便宜，那麼夾鉗式的價值就比較低。此外，因管線施工，而對產線帶來多大範圍、何種程度的影響、需要暫停多久時間，以及從中衍生的損失，這些也都會因為導入夾鉗式感測器而讓企業客戶享受到的經濟價值帶來大幅改變。這些全都是決定這項商品真正顧客價值的重要因素。

能簡單安裝流量感測器所帶來的正面影響也因各家企業客戶情況差異而有所不同。例如，透過流量管理和液體品質管理，能夠提升生產力及降低成本，但是根據企業客戶工廠的種類、管線的功能或目的也會出現極大差異。另外，因為流量或溫度異常造成設備破損產生的損失費用等，也因為不同的工廠而出現變化。如果無法具體理解上述每個現場衍生的經濟價值差異程度的話，就無法開發出優質的商品。

基於這樣評估企業客戶性價比所產生的結果而定，必須針對商品所需的功能或規格進行更改。基恩斯在開發商品過程中，相當重視此點，且因為不斷反覆檢視，才能夠做出顧客價值高的商品。即便是一般商品的開發，也會由商品開發人員自行調查與確認至少數十間客戶在現場的使用方式。

另一方面，一般不少企業成功開發出這樣的創新商品，一確認有顧客需求後，就馬上進入市場導入工作。但這樣開發出的商品，是無法為企業客戶帶來真正、龐大的經濟價值，也會限制自家公司的附加價值（利益）。

另外，很遺憾的是現今還有企業以創造新事業或進軍創新領域為目標。其實社會或顧客追求的並非是採用了新技術，抑或是使用創新領域的商品；而是一使用就能實際提高企業客戶的經營效率與利益，也就是性價比高的商品。

採用創新技術的商品，即使無法在短時間內帶來顧客價值，但長期看來也算是發展出極大價值型態的一種創新。基恩斯也有看重此觀點所產生的案例，但依舊是例外情況。回顧歷史會發現，若常以社會及顧客的價值最大化為目標，就能帶來組織能力的進化與增強，長期下來就會創造更大的價值。

②影像尺寸測量儀與表面3D輪廓量測儀

企業大多使用投影機來確認自家製造或製造廠商提供的零件（例如，齒輪、螺栓或螺母）的加工精度及品質，並正確測量目標物細微處的尺寸。

投影機的原理是將照明對準測量目標物，並放大顯示至投影螢幕或顯示器上來測量尺寸。即便是相當熟練的工作人員，也需要花費長時間測量，尤其要對焦高低差距過大的目標物非常麻煩，必須要多次調整目標物的位置或方向，否則無法成功測量複雜的形狀。

針對這個問題，基恩斯設計出能夠透過景深鏡頭，以影像的形式捕捉目標物，並開發、導入能夠記憶目標物形狀，並自動正確量測的尺寸測量儀「ＩＭ系列」。

有些ＩＭ系列商品的價格超出傳統投影機許多，但多數顧客都相當樂意購買此系列商品。而這也是基恩斯高度結合技術能力與解決方案提案能力所形成的商品開發能力成果。我接下來介紹從基恩斯型錄「顧客的心聲」中看到的內容。這是某間中型煉鐵廠社長的感想，對方表示看了展示機後，當場就決定購買了。

「示範日那天，我完全沒興趣參加這個活動，所以就拜託品質管理部的主管去應對。過了不久，品質管理部主管跑上來、笑著跟我說：『商品非常棒！社長您也來看一下吧！』於是，我跟他一起下去，看了展示之後，當場就決定購買了。因為我發現，到目前為止接受半年、兩年以上訓練的員工，都要花上幾十分鐘到幾小時在檢查尺寸。但使用這個機器，即便是剛進公司不久的員工，也可以幾秒鐘就完成。」

這項商品不只改善了至今投影機操作方式的程度而已，放置造型複雜的目標物，按一次按鈕就可以立即量測出一百處以上的尺寸。過往由老練技術人員負責的相關測量工作也因這項商品，公司在測量人員的選擇及安排方法與工作流程上，產生根本的革新。

許多顧客表示，直到親眼看到示範為止，都無法相信機器性能如此高，且操作起來這麼容易。影像尺寸測量儀與其他基恩斯的商品一樣，都是超出顧客常識與想像的商品。

此項商品也運用了相當高階的技術。基恩斯在處理細微影像的照相機技術（鏡頭與光學技術）與影像解析的軟體技術方面，都具有強而有力的競爭優勢。長久以來也在影像感測器與顯微鏡的事業持續成功發展，不斷積累核心技術的獨家組織能力。基恩斯運用最先進的高解析度鏡頭和超高精細ＣＭＯＳ感測器，為了對焦廣範圍和高精度所運用的光學技術和數位影像處理技術都表現十分傑出。

基恩斯技術能力之強大，不光只是能夠簡單說明特定的基礎技術，大多更是仰賴高超的綜合能力，創造出驚人的顧客價值組織能力。

開發本商品時，基恩斯也徹底研究了它的顧客價值。在企業客戶群中，對在工作中重視使用尺寸測量儀、且使用頻率高的顧客來說，經濟價值就會格外的高。基恩斯特別希望能開發出對這種企業客戶工作能帶來效果、提升生產性的商品機能和規格。

需要進行尺寸測量的工作，像驗收採購零件或製程內檢查等，根據企業客戶使用狀況的不同，尺寸測量儀帶來的價值也會有所差異。例如，對於不採取抽樣檢查，而是全數檢查大量零件的顧客而言，能夠簡單、快速測量完畢的基恩斯商品，它的價值就比其他商品壓倒性的高出許多。

舉例來說，一次的測量時間能夠從一小時縮短至十分鐘的話，對於每天需要進行十次量測的企業客戶來說，就可以把工作時程從十小時縮短至兩小時以內，光是人事費用就能大幅減少。相較於此，若是每天只需要檢查兩次的企業客戶的話，尺寸測量儀帶來縮短時間價值的程度就顯得少許多。對商品開發而言，這個差異之所以重要，是因為這兩間企業客戶要求的商品規格或功能，情況差異很大。

萬一因為檢查疏忽，造成不良品進到產線所造成的損失金額，也會因為不同工廠而有所不同。只要單純排除使用不良品的商品，還是需要進行分解檢查，處理問題產生的成本也是各有差異。

光是放大觀測或測量三次元的物體儀器，在基恩斯就有影像尺寸測量儀、三次元測量儀（接觸／非接觸）、3D輪廓測量儀、雷射顯微鏡、顯微鏡等多樣商品。前面介紹的IM系列就是能夠迅速、簡單測量從立體目標物表面看到形狀及尺寸的影像尺寸測量儀。

其他同樣具備測量三次元物體功能的商品，除了能夠測量從表面看去、兩點之間的距離之外，也能夠量測曲面造型等的三次元輪廓商品（「表面3D輪廓量測儀 VR系列」）也獲得相當的好評。若要測量輪廓形狀複雜的零件，需要考量曲面，或為了觀察表面的粗糙度及波形時，就必須透過VR系列量測立體目標物，而非用IM系列捕捉二次元的物體。

從前要達到上述測量目標，大家主要使用接觸式的三次元測量儀，或是探針式表面粗糙度量測儀或輪廓形狀測量儀。這些儀器都是藉由安裝在檢測器前端的紅寶石測針球，或由藍寶石、鑽石做的探針（都稱為測針），藉由接觸、移動目標物來檢測。

操作這類儀器需要具備專業知識與技術，員工需要上訓練課程，而為了正確量測也需要更多的調整與校正。此外，測量場地也需要維持在室溫二十度上下，所以也會需要花費龐大的冷氣費用。

另外，探針式儀器只能仰賴接觸獲取資料，所以只能測量點或線，若企業客戶想要測量面的話，就會產生無法發現問題或確實評估的問題。

非接觸式的３Ｄ輪廓量測儀ＶＲ系列，跟在此介紹的ＩＭ系列一樣，都只要按下一個按鈕，誰都可以簡單使用，所以這個機種也可透過縮短時間及減少人事費用來創造出更多的經濟價值。以零件檢查為目的的尺寸測量，可使用ＩＭ系列，而若想要量測粗糙度及波形等複雜輪廓的話，ＶＲ系列比較合適。

像這樣以ＩＭ系列替代投影機，以ＶＲ系列取代探針式輪廓形狀測量儀，兩者都超越了單純的改善，而是從根本改變了測量方法的創新行為。向顧客詢問需求時，主要希望能改善他們現在使用投影機等的具體操作方式。而另一方面，很多時候基恩斯的商品更是改變了企業客戶如何定位量測工作本身。

更重要的是，如果能夠從企業客戶方得到使用目的與整體測量工作的資訊，就能善用基恩斯的多種商品，在企業客戶想要觀察或測量的地方，提出性價比最高的商品解決方案。而這同時也是基恩斯能夠提升附加價值的最大優勢。

③雷射元素分析模組

在此說明在二〇二一年導入市場，內建元素分析的新商品「雷射元素分析模組 EA-300系列」。此商品相當創新，透過顯微鏡擴大觀察，如果出現想要進行元素分析的目標物時，不用使用專業裝置，只要按下按鈕就可以進行簡易的元素分析。

近年來，隨著企業精密製程的增加，細微異物混入製程的問題案例也隨之增加。有時混入異物會衍生出極大的風波，最具代表性的就是電動車的鋰電池。如果異物附著到隔離膜（Separator），就會起火、爆炸。另外，食品混入異物的情況更是層出不窮。異物的種類或混入的理由百百種，像多種類的金屬、塑膠、有機物或砂子等，如果不儘快釐清混入了什麼東西和從哪裡混入的，就無法解決問題，為此就需要進行異物的元素分析。

通常用顯微鏡或數位顯微鏡發現異物並確定該物質之後，就要將異物移至其他進行元素分析的專用裝置。這種情況，為了分析元素的前置處理大多很花功夫。首先，因為一般分析裝置的樣品擺放處較小，為了符合尺寸，大多必須將目標物切斷或破壞處理。另外，有時也需要進行表面的導電性處理。此外，若是採用高階的元素分析裝置還需要將內部抽成真空。

類似上述通常的做法，即便是具有專業知識的員工，光是分析一個目標物就可能耗將近半天。

若使用基恩斯的ＥＡ系列，只要安裝於數位顯微鏡上，放大觀察找到異物後，按下按鈕直接照射奈秒雷射就能進行元素分析。

經過雷射元素分析模組就能先知道檢測出的元素，例如是「鐵七七・一%、鉻一五・九%、鎳七・〇%」，下一步就由該元素模式瞬間判斷是不銹鋼，而且還是SCS31的不銹鋼。這都是透過ＡＩ從元素模式資料庫推測的結果。若客戶並非材料專家，想如同上述般確認金屬種類時，有時需要花上數小時。

像這樣，至今僅進行一個目標物的元素分析，就需要花費很長的時間，然而透過此儀器只要十秒鐘就能完成。而且，不需要會複雜的元素分析機器使用方法或具備材料的專業知識。

當然，根據元素分析的目的，有時可能需要使用更高價、正式的元素分析裝置。不過，調查許多用過更高階裝置的企業客戶後發現，其實大部分的元素分析，只要使用像基恩斯這種能簡單且迅速完成分析的商品，就夠用了。

使用雷射進行元素分析的技術，是採用雷射誘導擊穿光譜法（Laser Induced Breakdown Spectroscopy）的超高速ＬＩＢＳ解析技術。基恩斯的EA-300系列就是世界上第一個善用此技術，能夠放大觀察、簡易進行元素分析的小型儀器。

基恩斯的技術優勢在於同時具備雷射技術與顯微鏡、數位顯微鏡兩種專業技術。至今在這兩個領域上都具備如此高超技術能力的競爭對手企業尚未出現。從歷史上來看，雷射技術廣泛運用在感測器和雷射雕刻上。透過不斷努力改良至今的結果，運用雷射技術的各項商品都能維持長年的成功。

我再重複一次，即便達成了這種技術創新，也讓客戶的效率有了顯著提升，但依舊無法保證就能夠確實創造出極大的經濟價值。這項商品是由優秀的商品企畫人員，對許多企業客戶調查了經濟價值，了解了顧客價值的多寡程度所提出的構想。此商品的企畫人員是業務及促進銷售出身，對於企業客戶的現場具有相當豐富的知識。

在半導體、電池、汽車零件、食品或醫藥品等各種業界的生產及開發現場，如果沒有掌握顧客資訊，像是需要多久進行一次元素分析，抑或是元素分析延遲會為製造成本或銷售帶來多大的損失，就無法掌握簡單、短時間完成的元素分析，究竟能為企業客戶帶來多少的顧客價值。

另外，基恩斯也會從許多不同角度評估對企業客戶而言的經濟價值規模。例如，自家公司不進行元素分析，採委外處理的費用也會根據業界及分析內容不同，而有幾萬和數十萬元的差異。為了理解顧客價值，這些都是相當重要的資訊。

基恩斯的商品開發成員對此都會進行非常深度的調查和理解。

本案例也是將基恩斯商品的優勢發揮到極限的例子。首先，如果不是由擅長雷射與顯微鏡技術兩者的基恩斯著手開發的話，可能難以成功。此外，關於顧客價值，基恩斯也是為了判斷顧客的性價比，一邊運用既有的顧客知識，再加上大規模的調查及分析，藉此才成功發揮了新技術與解決方案的協同效應。

一位畢業於技術科系研究所的商品開發專案負責人回想、表示，正是因為與具備豐富顧客知識的商品企畫人員，一同著手開發商品才能實現如此高效成果。當初商品企畫人員為了調查客戶，頻繁地陪同前往企業客戶。他更強調，「正是因為商品企畫與商品開發協力進行開發，才能夠做出這麼有價值的商品」。

④螢光顯微鏡

二〇〇七年推出的「螢光顯微鏡（ＢＺ系列）」，正是未因應顧客需求，卻遠遠超出顧客期望的商品案例。本案例不只提高了企業客戶的經濟價值，更是在顧客業務，尤其是創新做法上帶來根本性的改革。這雖然是舊案例，但我認為在本書提出說明的價值相當高。

所謂的螢光顯微鏡是用來觀察可發螢光樣本的顯微鏡，常用於生物或醫學研究領域的細胞觀察。在這種螢光顯微鏡上市之前，顧客為了不影響訊號與背景的對比，因此必須在暗房使用顯微鏡。

顯微鏡的商品開發人員非常仔細觀察，顧客如何使用螢光顯微鏡，那時他就抱持著疑問：「為什麼一定要在暗房裡操作儀器呢？」在暗房使用螢光顯微鏡是業界常識，顧客也早已習慣，所以不曾聽聞顧客因需要或困擾而對此試圖改變。

但毫無疑問的是，如果螢光顯微鏡不需要設置在暗房使用，又能讓多位研究成員一同看著外接螢幕觀察討論，這種商品肯定會更加好用。

於是，他們用樹脂做成機箱，把整個顯微鏡包住，在主機裡面製作了一個暗房。使用者只需要從箱子外側操控，並從外接螢幕觀察。結果，顧客就不需要在暗房使用螢光顯微鏡了。

其中一位客戶是日本慶應義塾大學醫學部的佐谷秀行教授，是研究癌症治療的學者。他以細胞為基礎，觀察藥劑的效果，據說透過基恩斯的螢光顯微鏡，從根本改變了研究的做法。

（書末參考文獻／網頁資料：基恩斯ＨＰ４）

「我每天幾乎都關在暗房超過三個小時，一直都在觀察。為了描繪細胞圖稿，需要一邊用手電筒照亮，同時描繪。這樣的工作方式不僅眼睛疲勞，而且效率不好。」

他很高興使用此商品不僅大幅提升了工作速度，就算是好幾十個切片標本，也只需要短時間就能完成觀察。此外，更是再次強調能夠與其他研究成員，一同透過外接螢幕觀察討論的重要性。

「在明亮視野下也能觀察，真的輕鬆不少。而且，能夠和眾多學生一同看著螢幕，一邊說明重點，一邊下達實驗的指令，這也是一大優點。這是使用接目鏡顯微鏡，根本想都不用想的。」

這多虧基恩斯的商品開發人員，他們不受既定概念束縛，竭力思考何種商品會讓顧客真正感到高興的結果，最後提出了此提案。即使詢問顧客現狀是否遇到什麼困擾或需求，是無法開發出此項商品的。最需要的並非詢問對方想要什麼，而是全盤問出顧客的最終目的或想達成的內容，並從零開始思考。

⑤聯結解決方案的小型化商品

最後並非介紹各別商品，而是聚焦在基恩斯為了實現高度綜合性價值而善加運用的核心技術。在高附加價值商品常見的特徵，除「易用性」之外，就是「小型化」。剛才介紹的四個案例，主要都是它們提供超越常識的易用性，帶來了解決方案的價值。

另一方面，因為小型化可以靈活選擇安裝場地，更有機會提供形形色色的解決方案。但是，即使有卓越的小型化技術能力，卻不具備解決方案提案能力，也無法將其技術能力發揮到最大功效。憑藉小型化技術與解決方案產生的協同效應，得以首次創造出極大的顧客價值。使用第4章的語言來說明就是，基恩斯以小型化技術為槓桿，提供企業客戶巨大的經濟價值。

近年來，小型化技術一般在半導體等業界持續發展進化。結果，許多企業客戶的商品也走向小型化，因而開始要求用於製造的基恩斯商品也跟著要小型化。

基恩斯自創業以來，歷史上一直都致力於開發並推出小型化的商品。因此，累積了林林總總的知識與技術，形成了組織能力，且化為企業的一大優勢。這或許也可視為獨特的核心技術。

近年來其中一項成功案例是，開發出只有從前體積十分之一的超小型「數位CMOS雷射感測器 LR-X系列」，在二〇二〇年上市。搭載獨家開發的特殊反射鏡結構的三角測距系統，而實現了大幅度的小型化。以同等級的CMOS雷射感測器來說，此為世界首創採用綠光雷射，這也為創新提供了貢獻。

在此項商品上市之際，業務人員早已掌握了許多能夠憑藉這超小型感測器，創造極大經濟價值的企業客戶了。其中最具代表性的開發理由是，基恩斯已經確認過許多客戶即便想在既有設備上加裝感測器，也因為現有感測器的尺寸過大而無法安裝。如果無法安裝在既有設備上，產線就必須全部重新設計。

其中，特別是透過感測器小型化，只要能向企業客戶提出能帶來巨大縮減人員及工時的提案，通常對方都會因為能帶來經濟效果而感動萬分。

例如，基恩斯曾成功向某間半導體工廠提案，若使用此小型感測器，就能同時安裝多個且可能將生產線整併為一條，可大幅削減投資與成本。這是因為原先的感測器尺寸過大，必須分割成多條產線使然。

另外，在其他工廠則發生因感測器過大，導致難以安置於製程內而耗時設計生產設備的情況，但藉由導入小型感測器也成功讓準備的時間與設計的人員數量及工時都減半。

若能擅加宣傳透過技術創新實現了顯著發展的儀器小型化效果，便能販售給更多的企業客戶。只是將這款小型感測器刊登於型錄上，等待顧客下訂單；與向基恩斯般，具體提出大幅提升經濟價值提案；非常明顯的是，同一技術因上述不同做法創造出截然不同的價值。即便同樣的技術創新，是否能夠將更大的價值提供給更多的顧客，就會產生極大的差異。

大。

此外，商品開發是否能夠在規格及功能設計上，具體反映企業客戶的經濟價值也茲事體大。

基恩斯在創業不久後就開始導入小型化商品。例如，超過三十年前，還是Lead電機時期，就曾經開發出直徑三・八公釐的近接感測器接頭並導入市場（延岡、岩崎，2009）。

所謂的近接感測器是指，利用磁力檢驗金屬的感測器。這可安裝在機器人的指尖（手指），透過感測器來確認是否有抓到物品。體積愈小，就愈能達到機器人的小型化，也會連帶減少動力負載。當時直徑三・八公釐是世界上最小的感測器，對機器人的小型化發展十分關鍵。這個事例也代表從前述的創業時期開始，基恩斯在技術層面上的的領先已是事實。

線圈和鐵氧體磁芯（Ferrite Core）等都屬於通用性零件，但透過線圈繞組技術的開發與SUS配管的結合，實現了世界最小。由此可看出，基恩斯的技術優勢自創業以來就並非仰賴特定的基礎技術，而是透過綜合的磨合能力來成就目標的設計與開發能力。

另外，基恩斯一九九〇年販售的KX迷你系列是領先將控制工廠自動化（FA）的PLC小型化（延岡、岩崎，2009）。雖然這領域是由以「Sequencer」商標聞名的三菱電機率先開發，而後起之秀基恩斯在促成PLC事業成功的一項特徵就是小型化。

由於從前的設備控制盤（control panel）占了極大的空間，所以在推動整體設備小型化就成了一大阻礙。若能將控制盤小型化，製程的設計也會更有彈性，也能連帶降低安裝成本。而ＰＬＣ就成了阻礙小型化的瓶頸所在，為此若能達成ＰＬＣ小型化，能帶給客戶的經濟價值就會相當高。

基恩斯在ＰＬＣ的小型化上，採取了顛覆常識的做法。基於從前的電子設備都是採用交流（ＡＣ）電源驅動的既有概念，ＰＬＣ最初同樣也採用了ＡＣ規格，所以在ＰＬＣ當中需要內置電源的空間。而基恩斯卻捨棄了這個既有概念，將ＰＬＣ轉換為ＤＣ電源。

基恩斯還有許多實現世界級小型化的案例。像在一九九〇年代就曾透過條碼讀取器和影像感測器，同時思考如何產生高效讀取功能，壓倒性的創下世界最小的紀錄。也因為達成小型化，條碼讀取器和影像感測器得以應用在多種產線上。結果就是，大幅提升了許多企業客戶的生產性，包含檢驗流程，也為顧客在改善獲利方面有所貢獻（日經商業，2003）。

5 基恩斯商品開發的特徵與優勢——總結

最後在此統整基恩斯新商品的特徵與優勢。

首先，在敘述具體特徵之前，必須先提及事業部對新商品開發也有相當大的貢獻。九個事業部集結了各領域的高度專業人士，而包含各事業部的商品企畫在內，所有商品開發的主要成員幾乎都待在總公司同樓層的大房間一起工作。

再加上，尤其對希望提升企業客戶意義性價值（解決方案價值）的商品開發來說，最重要的是基恩斯營造出促進銷售小組也能因應需求、在同一樓層工作的辦公環境。促進銷售小組的成員都具備了行銷及業務的觀點，是公司內部中具有向企業客戶提出解決方案能力的超級優秀人才。基恩斯從世界各地的業務活動中，獲取的企業客戶相關重要資訊皆統整在此。

基恩斯如此將各事業部各自負責的商品企畫、行銷到設計開發，也就是所有與創新相關的業務，整併成跨功能的可見範圍組織設計，相當理想。但許多大企業卻沒有建立起這樣的制度，想必無法達成的阻礙原因相當多樣吧。但正如此點所象徵的，基恩斯占優勢的最大理由是能夠確實努力實踐自己應有的樣態。

① 成熟的商品企畫能力——商品企畫小組

將事業部制度與在大房間進行的跨功能商品開發結合，為基恩斯卓越的商品開發打造特色的是商品企畫小組的存在意義與職責。

除了消費財企業，現今對生產財企業而言，商品企畫的重要性也愈發顯著。從過去開始，汽車或家電用品等消費財企業，大多會設立專門進行獨家商品企畫的部門，以龐大數量的使用者為對象，對顧客需求進行質化、量化的廣泛調查。此部門負責檢討包括：商品概念或目標使用者、顧客價值、定價和競爭企業分析等的商品企畫（以及商品策略）。

另一方面，生產財的企業客戶是企業而非個人，大家認為技術規格等功能性價值相對較為重要。因為大多數客戶所需的零件及系統需求規格比較明確，就會認定只要直接提供符合企業需求的商品即可。因此，在生產財企業通常看不到跟消費財企業相同定位的商品企畫部門。

但現在除了功能性價值之外，還必須納入可提高各別顧客經濟價值的解決方案價值，同時提案還需要超越企業客戶的需求，希望為對方帶來獲利提升的商品和解決方案。

對生產財企業而言，提出這種綜合性價值的提案變得更為重要，因此商品企畫角色需要發揮更大的作用。所以，公司制度性的培養高度專業的商品企畫人才，建立能善加活用人才的組織制度，正是邁向企業高附加價值經營的必要條件。

基恩斯自創業以來，重視商品企畫，選拔最適切人才，並分發擔任企畫工作。商品企畫需要將客戶的經濟價值最大化，必須具備業務、行銷和商品、技術開發兩者的能力。這就是第3章說明，基於SEDA模型，具備構思綜合性價值能力的SEDA人才。

探討究竟是善於行銷的文科，抑或是擅於技術和商品的理科出身，何者才能成為肩負商品企畫的SEDA人才並不重要。實際上，在基恩斯具備兩方面背景的人才都會被拔擢為商品企畫的專業人才。

具體來說，最需要具備的就是能夠構思大幅提升許多企業客戶利益商品的能力。在基恩斯，無論是業務或商品開發人員全都以企業客戶的利益最大化為目標而努力，所以自然就會培養出具備高度商品企畫能力的員工，並得以從中選出適當人選來重用。

②解決方案提案型——從藝術思考看商品開發

基恩斯在設定新商品概念時，不直接應對企業客戶的需求或困擾，但以超越顧客遇到的具體問題和設想的解決方案，並提高驚人生產力的提案為目標。為此，首先必須從眾多客戶的現場，找出他們想要實現的最終明確目標。再從包含開發商品所使用的前後工程，這更廣泛的角度仔細觀察並掌握，再提出獨家分析、構思的商品或解決方案。

前述的螢光顯微鏡案例也並非只單純提出方案，改善研究人員在暗房的使用情形，而是更進一步從根本改變了顯微鏡的用法，甚至還附加了能夠讓所有研究成員一同觀察的全新使用方式。

另外，商品小型化作為一核心技術，也不光只是應對小型化的需求，而是藉此提出不少從根本改變了企業客戶製程或工作流程的提案。基恩斯自創業以來就相當看重的易用性相關技術也是相同的道理。

為了實踐這樣的商品開發，需要商品開發小組和商品企畫小組同心協力，廣泛學習客戶的開發或生產現場，並掌握維持現狀的費用及人員數量與工時。才能在這樣的基礎上，構思創新商品與解決方案，不被目前的業務做法與常識所束縛。

這套做法與其說是以提升使用價值為目標，例如改善現行商品的易用性或功能性的設計思考，反而比較接近藝術思考觀點，也就是構想出符合自我理想的附加價值提升哲學或解決問題的方式（參照第3章）。目前有許多案例正是採用藝術思考方式，提出超越企業客戶設想的想法和商品，並且讓顧客感到驚訝與讚嘆「原來還有這種做法啊」。

商品企畫小組的人才理所當然具備提升企業客戶生產力的解決方案能力，就算是優秀的商品開發人員，即便與基恩斯的商品無關，也充分具備能夠提供客戶諮詢顧問的能力。從這一點來看，除了促進銷售小組之外，優秀的業務人員也是同樣的情形。

也就是說，如果沒有這項能力，就無法追求藝術思考方法。如果僅是展現自我，卻未能提出成果，那只是自我滿足，而且可能以失敗收場。

基恩斯的多數員工之所以能夠培養上述能力，都是出於根據企業客戶的利益提升，以達到附加價值最大化為目標的經營哲學而來。由於一般企業在商品開發方面重視銷售量，所以會努力符合多數客戶的需求。要掌握顯在性的顧客需求，沒必要深入理解客戶工作流程的目的及內容，更不需要培養解決方案的提案能力。

基恩斯員工經常學習許多客戶的整體工作流程，同時也不斷思考提高對方生產力及刪減成本的策略，並持續磨練能獨自提出超越顧客需求提案的諮詢顧問能力。因此，這種標榜將附加價值最大化的經營哲學底下所產生的商品開發，正與超越企業客戶想像的藝術思考緊密相連。

③ 透過技術槓桿與解決方案所產生的協同效應

基恩斯創下驚人業績所仰賴的是技術能力與業務能力產生的協同效應，而新商品開發的目標也是整合兩者，並希望達成顧客價值的最大化。由於善用協同效應（槓桿效果），所以如果商品開發能力不足，也就無法充分發揮業務團隊的解決方案能力。

具體來說，新商品開發較為重視，透過業務的解決方案能力，讓顧客價值加倍的技術規格。例如，在與小型化或易用性相關的技術創新上，他們並非重視這些技術的直接效應，而是希望以能夠大幅改變企業客戶的生產設備、製程或商品開發的流程本身，讓顧客享受經濟效果倍增的新商品開發為目標。

為了有效利用槓桿效應，除了充分理解運用商品的製程之外，也需要十足掌握企業客戶的整體工作流程。舉例來說，如果想將某款感測器加以小型化，就必須以能讓企業客戶現在使用此商品的製程產生變革的程度為目標。如同本章說明過，將雷射感測器的尺寸縮小至十分之一，並將多條半導體製造產線整合為一的案例，就相當經典。

小型化程度做不到位是無法聯結製程的改革，為顧客帶來的價值也會受限。若能如此深刻理解此點，並進行商品開發，那麼小型化技術便能對企業客戶在投資顯著減少、縮短前置時間、縮減人力上，發揮槓桿效應。

在業務人員向企業客戶說明商品的階段時，追求商品與解決方案之間的協同效應也相當關鍵。一位商品開發人員曾表示，自己會想像業務使用展示機說明的場景，而為了更有效訴求商品對提升生產力有貢獻，會在規格上下工夫。例如，如何在短時間的示範過程中，將更簡單地變更PLC的控制內容機能，展示到讓客戶能大力誇讚等。這建立了經常拿來說明，基恩斯建立了商品開發與業務共同協力的組織架構，致力於結合功能性價值及意義性價值綜合性價值最大化。

④為了追求顧客價值最大化，基恩斯培養出獨有的價值工程

至今說明了商品開發的目標，也就是附加價值最大化，也因此基恩斯必須讓企業客戶的性價比達到最大限度。基於此，對企業客戶來說，有兩個具體的重要觀點。

第一是透過企業客戶的生產力提升等來帶動經濟價值向上；第二則是需要盡量壓低採購價格。截至目前為止，我們一直強調前者的重要性，但當然採購價格愈低，客戶的性價比就愈高。

因此，就基恩斯的角度來看，必須一邊降低自家商品的製造成本，同時提高客戶的經濟價值，將兩者的差距擴大到最大化。

這個思考方式便是從前普及至今的價值工程（Value Engineering, VE），價值工程指的是將平均製造成本的顧客價值最大化。但價值工程原先是從技術領域發展出來的概念，所以面對顧客價值時，大多傾向以功能性價值為主要考量。

基恩斯在商品開發中，運用了近似價值工程的概念，但顧客價值並非功能性價值，而是加上意義性價值的綜合性價值（經濟價值）。基恩斯特有的價值工程思想，以綜合性價值的最大化為目標，並徹底消滅毫無貢獻的成本。

最具象徵的案例就是有關最先進技術的相關看法。多數日本企業為了提高流通性，會特意

採用最先進的零件或技術。但基恩斯卻會仔細斟酌成本對顧客價值的貢獻程度，再來挑選技術及規格。

例如，即便可以使用最先進的印刷電路板（ＰＣＢ），開發小型又輕量的商品，但由於最先進的技術昂貴，品質也尚未穩定，所以基恩斯會因為考量顧客，而不使用。前一代晶片，若對企業客戶的價值完全沒改變的話就繼續沿用，且為了顧客著想，最好不要使用最先進的零件。這麼做對顧客而言，還可以壓低採購價格。再加上，前一代晶片的品質穩定，也比較不容易產生不良品。如此一來，這麼做也能提升企業客戶的滿意程度與經濟價值。基恩斯的商品開發團隊，正是因為詳細了解企業客戶的實際使用狀況，所以能夠做出正確判斷。

而基恩斯特有的價值工程思想，也可適用於判斷是否納入各別商品的功能。例如，尺寸測量儀或數位顯微鏡需要或不需要調整哪一項功能等，因為各別功能取捨都會直接聯結商品成本，所以是相當重要的決定事項。基本上，各項功能評估是依據企業客戶能夠享受到的經濟價值而定。

透過刪除某項功能，提高商品流通性的案例也相當常見。基恩斯在進軍影像感測器市場時，就將功能簡化至極限而獲得極大成功。當時其他公司販售的影像感測器有各式各樣功能，但操作方法複雜，能夠確實運用的人員有限。結果，據說因為操作方式過於複雜、困難，許多顧客即使買了影像感測器到最後也沒有使用。但由於基恩斯確實掌握了企業客戶的實際使用狀況和問題，所以透過刪除多餘功能，打造出顧客性價比高的商品。

正是因為基恩斯深刻了解對顧客而言的經濟價值效果，因此才能在零件或功能選擇上，貫徹基恩斯特有的價值工程思想。除了在商品開發上，運用了最先進的技術之外，能夠有效執行特有價值工程思想的強項能力，也是基恩斯的強項。

對一般較缺乏顧客價值相關知識的生產財企業而言，有可能因使用了不必要的高價零件或加入過多功能，進而壓縮到收益。這對企業客戶來說，就是必須支付高額費用、負擔多餘且不必要的東西。

基恩斯特有的價值工程思想，除了為顧客帶來的經濟價值之外，同時也會對基恩斯驚人的附加價值有所貢獻。如同第1章〈基恩斯如何採行高附加價值經營？〉所說，正是因為重視附加價值，才會刪除顧客價值低的新技術和追加裝備。

第7章

企業應學習的高附加價值經營

● High Value-Added Management at Keyence

1 基恩斯的創新是提升客戶的利益、對社會做出貢獻
2 建立穩固的專家團隊，提供超越顧客需求的解決方案
3 有學習顧客知識的制度，才可能大量客製化
4 技術革新與解決方案產生的加乘效果
5 進入市場不看市場規模或成長，而是顧客價值
6 希望徹底實現願景與目標的經營，必須撇除藉口

本章節主要簡單總結其他的生產財企業，需要向基恩斯學習的重點。

1 基恩斯的創新是提升客戶的利益、對社會做出貢獻

製造業的社會職責是透過商品或服務，為社會或顧客創造全新、龐大的價值，而這就是所謂的創新。

生產財企業培養特定領域的專家團隊，提供企業客戶自己想不到，而且能夠顯著提升獲利的解決方案。也就是，提供企業客戶即使支付高額代價也能夠享受高性價比、經濟價值高的商品及服務。企業客戶會因此改善經營、提升業績，所以這正是最受到歡迎的商品及服務。

所謂的性價比是指對企業客戶來說，投入的費用（價格）能帶來多大比例的經濟價值（增加利益）。即便因成本降低而調降企業客戶的售價，對客戶而言的性價比則會提升。但是，一味降低成本，成效也有限。所以，如果不是因為薪資低或匯率佳等條件的話，一間公司要長期維持成本優勢相當困難。

基於上述理由，能夠帶動企業客戶提升利益的創新才是最重要的。加上我一直強調，這種

類型的創新，同時能為整體社會的經濟發展帶來極大的貢獻。

首先，為企業客戶帶來利益的提升，會讓客戶變富有。其次，由於企業客戶與自家公司的利益增加，兩間公司的工作機會增加與薪水上揚的同時，也能夠帶動研究開發費等創新上的投資。最後，國家與地方政府的稅收增加，身為投資家的一般民眾也會變得豐足。如此一來，能夠從各個層面富足社會。

許多企業提及創新的重要性，但是真正將顧客價值（提升利益）設為目標的企業其實相當少見。在此強調，這裡指的並非創新的目標，而是運用創新技術或商業模式等手段。像是，「搭載ＡＩ的創新商品」或「推動數位轉型的系統」這類使用特定新技術或商品的創新。

社會或顧客所追求的創新，並非是產生革命性的創新或是發明前所未見的新型功能，而是實際的恩惠，多數情況是經濟價值。同樣地，新商品或新事業也是一種手段方法，並不能視為目的。我衷心希望能夠有更多企業向基恩斯一樣，經常在正確的意涵上以追求創新為目標。

2 建立穩固的專家團隊，提供超越顧客需求的解決方案

基恩斯的商品開發與業務相關的部門合作，以創造更高階的創新為目標，不斷思考能提升企業客戶生產力及利益的解決方案。

因為公司目標明確，所以員工當然會致力於熟悉企業客戶的現場及工作。這個時候，與其說是問出顧客的需求或困擾，反倒應該先明確掌握顧客想要達到的終極目標。也就是說，不是顧客想要什麼（需求），而是顧客想要達成什麼（目的）。在這基礎之上，只要是跟負責商品領域有關的範圍，包含前後製程及整體業務流程都要深度理解，並以此為目標。這套做法並非是應對顧客需求的設計思考，而是聯結提出超越顧客想像提案的藝術思考。這對精通自家公司商品的專家而言，是理所當然在思考的事情。

眾多企業或許覺得提出超越顧客需求的提案是困難的。但是，只要有明確目的，並徹底觀察企業客戶的製造現場，理論上有可能做到；而基恩斯已透過實際案例證明了此點。

生產財企業的員工，比起顧客理所當然對自家商品的使用方法及效果有更多了解。接著，如果能具備在企業客戶的製造現場，善加運用的知識或能力（解決方案的提案能力），即便顧客不願告知具體的需求，也應該能提出多種改善方案。

為了培養解決方案的提案能力，必須從更寬廣的角度仔細調查、觀察更多企業客戶製造現場的工作流程、採用的技術和面臨的問題點，並貪婪地吸收多方面的知識。而透過這番學習，必定會以成為高度專家為目標。但現實中有多少生產財企業，有這麼高的意願鼓勵每一位員工培養能力呢？

事實上，生產財企業中大多沒有建立以提升這種高度解決方案為目標的經營策略或組織。多數企業的策略或組織都受歷史淵源或各種阻礙的影響，與生產財企業的理想大大背離。相對地，基恩斯反而描繪出擅長於實現高附加價值經營的生產財企業應該有的樣貌，並從一開始就以此為目標。

具體來說，首先是採取直接銷售。因為生產財企業若不直接銷售，想進入企業客戶的製造現場學習相當困難。若是消費財企業，在生活中會遇到各式各樣的使用者，所以要了解使用者比較容易，但生產財企業則非常困難。現今意義性價值的重要性已超越功能性價值，因此對於生產財企業而言，直接銷售的必要性又更加升高了。

其次是限制商品領域的事業部體制。若希望打造出能夠自豪表示，對特定領域商品的熟悉度是世界第一的組織的話，就必須要限制負責的商品領域。關於這點同樣也適用於業務與商品開發部門。九個事業部門分為感測器、影像感測器、數位顯微鏡、尺寸測量儀、控制系統（PLC）和刻印（刻印機）等分類相當明確。各個事業部負責的領域，都是理想的事業範圍。

結果就是，在各個事業部裡面，無論是業務人員或商品開發人員都成為該商品領域的真正專家。但正確說法應該是，為了達到這個目的，基恩斯建立了最適切的事業部體制。建立組織只是手段，但如果沒有正確的手段，也不會產生成果。

在事業部內，打造出跨功能、共創的環境也相當理想。促進銷售小組、商品企畫小組和商品開發小組位於總公司，無論物理距離或組織層級都相當接近，透過頻繁交換意見和討論，實現了向企業客戶提供高度創新，這就是一個最理想的跨功能型組織。再者，透過持續不間斷、高密度的共同合作，與創新有關的組織能力每日持續提升。

3｜有學習顧客知識的制度，才可能大量客製化

最能夠清楚呈現基恩斯商品的高附加價值與高收益理由的經營概念，是大量客製化。由於基恩斯的高附加價值商品能夠帶來極大的利益，所以常被誤會是配合各個企業客戶，為對方進

行客製化。但是，基恩斯的經營哲學是標榜有效果且有效率的運用資源，所以絕對不是採取客製化服務。

為了透過大量客製化創造出顧客價值，基恩斯首先至少向特定的客戶，如同實施客製化般，提供巨大的經濟價值。下一步是透過相同的商品，在更多的企業客戶實現同等程度的龐大價值。

為了在眾多顧客中達到最大公約數，實現這莫大價值，就必須深入廣泛的企業客戶製造現場，詳細了解製造、開發的方法與流程。而對一般企業，要同時做到「廣泛」與「深入」兩者非常困難。

尤其重要的是，無論是業務人員或商品開發人員都要在進行日常工作的同時，能夠有向顧客學習知識的業務做法與制度，也就是實施工作中培訓。

因此關鍵首先在於工作的目標制定。無論是基恩斯的業務人員或商品開發人員的目標皆設定為不光是掌握需求而已，若無法問出所有企業客戶資訊並加以學習的話，將無法達成目標。而假如只是被動應對顧客需求，也就無法提出超越企業客戶想像、提升利益的提案。

若能確實做到這一點，許多客戶會更加開心，願意委託的信任程度也會提升。從結果來看，客戶上門諮詢的機會變多，也會帶來更多的學習機會。憑藉大量客製化達到高附加價值經營，需要建立這種良性循環。

4 技術革新與解決方案產生的加乘效果

基恩斯的強項不只是解決方案的提案能力，也並非一般常見的技術革新能力。它最大的優勢在於，透過技術帶來的功能性價值提升和藉由解決方案提案能力的意義性價值提升，這兩者並非單純的相加，而是發揮加乘效果。

為了發揮效果，除了業務的解決方案提案能力之外，新商品開發也需要具備能夠提高企業客戶經濟價值的設計開發能力。

具體來說，探討技術革新之際，需要追求的不光只是技術的功能性價值而已，還有能夠擴大企業客戶經濟價值的槓桿效果。為此，基恩斯必須要充分理解新商品與顧客的經濟價值聯結的因果關係，並必須優先考量能夠提供最大化價值的商品與客戶。

一般生產財企業的商品及技術開發工程師，多數就算了解技術帶來的功能性顧客價值，卻看不到能深思熟慮經濟價值。如果現階段做不到，就必須從根本改變進行商品開發時的想法與目標制定。商品開發的目的應該是開發出最能讓企業客戶開心，也就是提升經濟價值的商品。

此外，如同前章所說，也需要有優秀的商品企畫人員並將其組織化。近年來，愈來愈多生產財企業明確表示看重解決方案的綜合性價值，但事實上卻連所需的熟練商品企畫人才的培育及運用都未能確實執行。

今後生產財企業的創新需要，具備各種與企業客戶有關的豐富知識、諮詢顧問能力、事業理解與高度企畫能力的商品企畫專家。

積累應該運用到商品開發的企業客戶資訊，也是基恩斯的商品企畫人員與組織需肩負的職責。許多企業即使在業務活動中蒐集到有益於商品開發的顧客資訊，依舊未能匯整並有效運用。

5 進入市場不看市場規模或成長，而是顧客價值

就算進入過度競爭的市場，也無法提供自家公司特有的社會貢獻。因為過度競爭代表的是，即便自家公司沒有跨入市場，其他競爭對手企業也能夠提供相同的價值，所以無論是社會

或顧客都不會感到困擾。就算在競爭上占有些許優勢，結果卻會造成價格降低，難以與利益及附加價值產生聯結。雖然因為競爭導致價格下降，產生對顧客來說是好事的社會價值，但對各別的生產財企業而言，就沒有太大的存在意義了。

基恩斯以做出更大的社會貢獻為目標，避免進入可能發生過度競爭的市場。相反地，他們為了對顧客或社會有所貢獻，必須尋找能夠發揮獨特性的平台，而這也是重要的創新活動。

一般而言，多數企業會想要進入快速成長且有望擴大的市場，但這樣的市場環境最容易陷入過度競爭。因為伴隨著每年全世界裡優秀企業的增加，技術能力隨之平均發展，競爭也因此更為激烈。雖然這說法並非絕對，但應該避免進入這樣市場的情況正在增加。但單就日本大企業的新商品開發而言，我們從媒體等發布「今後會急速成長」這種煽動市場的言論傾向中，看不出有太大的變化。

在第3章的創新理論中，我主張此種「市場導向的經營」並不好。比起市場趨勢，像基恩斯這種，更以顧客價值為中心的「顧客導向的經營」比較具有優勢。但即便如此，一般來說現今依舊有許多重視市場導向的企業存在。就算進入到從市場規模和成長潛力看來不錯的市場，也會因為進入的企業太多，結果被捲入為過度競爭。

多數企業之所以比起顧客導向，更執著於市場導向的策略，有兩種原因。

第一個原因，或許根據產業的狀況有所差異，但直到一九八〇年代為止，尤其對日本企業來說，瞄準急速成長的市場是正確的策略。也因為至今的高階管理階層都擁有進入此類市場並成長的成功經驗，因此執著於市場導向的傾向較強。

例如，在一九八〇年代前後發售的新商品ＶＨＳ錄放影機，就算競爭企業一同進入市場，依舊有許多企業取得成功。

但如同近年來大型液晶電視的案例所示，即便市場不斷擴大，幾乎所有企業都無法創造出附加價值的事例變多了。這就表示超越市場動向，先透過顧客導向具體創造出具有高獨特性且龐大的顧客價值，正成為創新的必要條件。

第二則是如同本書所提及，多數企業缺乏顧客導向所需的必要顧客知識與經營能力。尤其是生產財企業，幾乎看不到其他公司像基恩斯般，仔細蒐集世界上幾十萬企業客戶（以及潛力企業客戶）的製造現場或開發的進行方式等的資訊和知識。

基恩斯自創業以來，許多直接銷售的業務人員每月拜訪數十間企業，蒐集相關資訊。而且，不只是業務而已，就連商品開發人員或商品企畫人員也會透過專業角度，盡量蒐集更多的顧客知識。

此外，也需要建立積累蒐集顧客知識的組織與制度。在基恩斯的各個事業部當中，與業務及行銷相關的由促進銷售小組主導，跟商品開發有關則由商品企畫小組負責，在顧客知識的累積及管理上發揮了很大的作用。

即便一般的生產財企業理解顧客導向的經營較為理想，但短時間想要實現還是有相當的難度。目前擁有的顧客知識與能力，想要在商品開發或解決方案業務上，同時讓許多企業客戶的性價比最大化是困難重重，甚至連要運用於設定提升企業客戶的經濟價值目標也未能做到。因此，許多企業難以跳脫憑藉商品力或技術力達到以功能性價值為中心的經營。正因為改革耗時，所以希望企業能夠儘早開始努力。

6 希望徹底實現願景與目標的經營，必須撤除藉口

與基恩斯一樣以顧客價值最大化為目標的生產財企業逐年增加。但可惜的是，卻有很多企業在朝著目標前進的同時，無法執行將所有向量集中化的經營管理方式：經營策略、組織架構、組織流程、經營政策等。

而特別容易引發問題的是，許多因歷史淵源或公司內情造成面對公司做法與目標不同調

時，大家多傾向覺得「沒辦法」。若以基恩斯為例，進行企業培訓時，大家常會反應因事業或組織結構上的差異，無法採取相同的做法。

「若考慮顧客價值的話，我了解基恩斯的經營方式非常理想。但是，我們公司跟基恩斯不同並不是直接銷售，也沒有商品企畫人員，所以應該做不到（無法向基恩斯看齊）」。

即便對方發言表示基恩斯經營方式很理想，卻還是提出某些理由表示做不到，我對這種態度表示懷疑。

舉例來說，為了要提出卓越的解決方案，業務人員必須成為真正的專家，對負責的商品高度掌握知識，他們關於這點會有以下藉口。

「我們的商品數量很多，又必須負責多樣商品，沒辦法成為高水準專家。」

「由於本公司採用代理商，而非直接銷售，所以沒辦法那麼透徹地了解顧客。」

另外，跨功能商品開發，與行銷功能（促進銷售小組）一同聚集在總公司的同一樓層，也有許多企業反應做不到。但這對於高效實現顧客價值高且質量佳的商品開發來說，是相當理想的模式。對此也有下列藉口。

「商品開發的各個部門從以前就安排在不同的大樓，而且行銷部門也因為地理位置關係在其他地方，所以應該做不到。」

如上所示，多數企業因為覺得自家企業與基恩斯的條件不同，所以認為自己無法像他們學習。但是，對多數企業而言，開發出優質的新商品與提供卓越的解決方案業務的優先順序應該排在滿前面的。近年來競爭激烈，因自家企業的狀況而無法實現理想的組織架構或安排，就無法勝出。

拒絕企業變革的重要原因很多，可能是過去的源淵、文化或各部門的利害關係等，所以我能理解變革並非易事。特別是歷史悠久的大企業，要違背持續長年的事業組合或經營思想等的慣性極端困難。

若無法做到整體企業的改革，至少可以在自己能力所及的範圍內，從微小的事情著手創造成功案例，這點至關重要。最為理想的是，這將成為突破點，進而帶來巨大的變革。

另外，至少像在新事業開發上，應該從建立新策略、新組織，到能建立經營架構的領域上，從零開始思考，不被常識束縛並徹底執行這些原理原則。這種追求理想的態度，正是基恩斯教導我們最重要的一點。

參考文獻／網頁資料

- Brown, Tim (2009) *Change by Design: How Design Thinking Transforms Organizations and Inspires Innovation*, Harper Collons Publishers.（《設計思考改造世界（十周年增訂新版）》，聯經出版公司，2021年）
- Clayton M. Christensen, Jeff Dyer, Hal Gregersen (2011) *The Innovator's DNA: Mastering the Five Skills of Disruptive Innovators*, Harvard Business Review Press.（《創新者的ＤＮＡ》電子書，天下雜誌，2017年）
- Cusumano, M. and K. Nobeoka (1998) *Thinking Beyond Lean: How Multi-Project Management is Transforming Product Development at Toyota and Other Companies*, Free Press/Simon & Schuster.
- Dyer, J. and K. Nobeoka (2000) "Creating and Managing a High-Performance Knowledge-Sharing Network: The Toyota Case, " *Strategic Management Journal*, Vol. 21, No.3.
- March, J. (1991) " Exploration and Exploitation in Organizational Learning," *Organization Science*, Vol.2, No.1.

- O'Reilly III, C. and M. Tushman (2016) *Lead and Disrupt: How to Solve the Innovator's Dilemma,* Stanford Business Books.
- Pine, J. (1992) *Mass Customization*, Harvard Business School Press, Boston, MA.
- 高嶋克義（1993）〈案例研究・基恩斯股份有限公司〉（事例研究・株式会社キーエンス）《商務洞察》（ビジネス・インサイト）1卷3號，現代經營學研究所
- 高杉康成（2019）《「最強」解決方案策略》（「最強」ソリューション戦略）日本經濟新聞出版
- 新津泰昭、延岡健太郎（2012）〈商業案例 迪斯科：競爭力源泉的解決方案〉（ビジネスケース　ディスコ：競争力の源泉としてのソリューション）《一橋商業評論》（一橋ビジネスレビュー）59卷4號，東洋經濟新報社
- 日經商業（2003）〈驚人的經營毛利率40%基恩斯的祕密〉（利益率40%驚異の経営　キーエンスの秘密）2003年10月27日號 日經ＢＰ
- 日本經濟新聞社編（1999）《京阪矽谷 改變日本的新・優良企業》（京阪バレー日本を変革する新・優良企業たち）日本經濟新聞出版
- 松下幸之助（1978）《實踐經營哲學》（実践経営哲学）ＰＨＰ研究所

●延岡健太郎（1998）〈零件供應商的顧客網絡策略：顧客範圍的經濟性〉（部品サプライヤの顧客ネットワーク戦略：顧客範囲の経済性）藤本隆宏等編製《領導供應商系統》（リーディングス　サプライヤー・システム）有斐閣

●延岡健太郎（2006）《管理概論文本 MOT〔技術經營〕入門》（マネジメント・テキスト MOT〔技術経営〕入門）日本經濟新聞出版

●延岡健太郎（2011）《價值創造的經營邏輯》（価値づくり経営の論理）日本經濟新聞出版

●延岡健太郎（2021）《藝術思考生產》（アート思考のものづくり）日本經濟新聞出版

●延岡健太郎、岩崎孝明（2009）〈商業案例 基恩斯——以透過創造價值帶來社會貢獻為目標的經營哲學〉（ビジネス・ケース　キーエンス—価値創造による社会貢献をめざした経営哲学）《一橋商業評論》（一橋ビジネスビュー）56卷4號，東洋經濟新報社

●延岡健太郎、高杉康成（2010）〈在生產財下的意義性價值創造——以基恩斯案例為主〉（生産財における意味的価値の創出——キーエンスの事例の中心に）《一橋商業評論》（一橋ビジネスビュー）57卷4號，東洋經濟新報社

●延岡健太郎、高杉康成（2014）〈在生產財下的真顧客導向〉（生産財における真の顧客志向）《一橋商業評論》（一橋ビジネスビュー）61卷4號，東洋經濟新報社

- 藤本隆宏（1997）《生産系統的進化論——從豐田汽車看組織能力與技術創新流程》（生産システムの進化論——トヨタ自動車にみる組織能力と創発プロセス）有斐閣
- 藤本隆宏（2004）《日本製造業哲學》（日本のもの造り哲学）日本經濟新聞出版

基恩斯官網（括號內為確認日期）

- HP1 http://www.keyence-jobs.jp/work/interview/ohori.jsp (2022/12/24)
- HP2 http://www.keyence.co.jp/support/japan/ (2022/12/24)
- HP3 http://www.keyence-jobs.jp/work/interview/imada.jsp (2022/12/24)
- HP4 http://www.keyence.co.jp/ss/products/microscope/bz-casestudy/interview-cancer.jsp (2022/12/24)

Note

基恩斯的高附加價值經營：
日本新首富法打造世界頂級企業的原則

作者	延岡健太郎
譯者	涂綺芳
商周集團執行長	郭奕伶
商業周刊出版部	
總監	林雲
責任編輯	林亞萱
封面設計	萬勝安
內頁排版	陳姿秀
出版發行	城邦文化事業股份有限公司 商業周刊
地址	104 台北市中山區民生東路二段 141 號 4 樓 電話：（02）2505-6789　傳真：（02）2503-6399
讀者服務專線	（02）2510-8888
商周集團網站服務信箱	mailbox@bwnet.com.tw
劃撥帳號	50003033
戶名	英屬蓋曼群島商家庭傳媒股份有限公司城邦分公司
網站	www.businessweekly.com.tw
香港發行所	城邦（香港）出版集團有限公司 香港灣仔駱克道 193 號東超商業中心 1 樓
電話	(852) 2508-6231 傳真：(852) 2578-9337
E-mail	hkcite@biznetvigator.com
製版印刷	中原造像股份有限公司
總經銷	聯合發行股份有限公司 電話：（02）2917-8022
初版1刷	2023 年 9 月
定價	420 元

ISBN（平裝）978-626-7252-93-2
EISBN（PDF）9786267366004 ／（EPUB）9786267366011

KEYENCE KOFUKAKACHI KEIEI NO RONRI KOKYAKU RIEKI SAIDAIKA NO INNOVATION written by Kentaro Nobeoka.
Copyright ©2023 by Kentaro Nobeoka. All rights reserved.
Originally published in Japan by Nikkei Business Publications, Inc.
Complex Chinese translation published in 2023 by Business Weekly, a Division of Cite Publishing Ltd., Taiwan.
Complex Chinese translation rights arranged with Nikkei Business Publications, Inc. through AMANN CO., LTD.

國家圖書館出版品預行編目(CIP)資料

基恩斯的高附加價值經營：日本新首富法打造世界頂級企業的原則/延岡健太郎作；涂綺芳譯. -- 初版. -- 臺北市：城邦文化事業股份有限公司商業周刊, 2023.09
272面；14.8×21公分
ISBN 978-626-7252-93-2(平裝)
1.CST: 企業管理 2.CST: 企業經營
494　　112011839